魅惑の<ruby>魅惑<rt>みわく</rt></ruby>オーディオレシピ

あなたのお好みの
オーディオシステムを作る

小椋 實 著

電波新聞社

■第4章　IC簡単高性能アンプ

簡単に作れ、シンプルだけれど、美味しい（高性能の）日本料理のようなICアンプです。

《写真1》ユニバーサル基板上にシンプルに組む

《写真2》完成してケースにいれた

■第5章　パワーアンプ用高音質DC電源

　オーディオでの電源は、料理でいうスープや出汁、素材の本来持つ旨味そのもののでしょう。おいしい料理（音）には不可欠です。

《写真3》ケースに入れた高音質電源

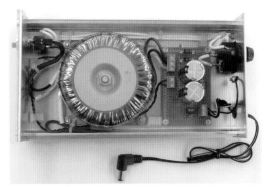

《写真4》高音質電源内部の様子

■第6章　伝統料理のしたごしらえ　フォノイコライザ

　アナログプレーヤを使う必須アイテム。アナログソースをおいしく下ごしらえします。

《写真5》フォノイコライザの基板

《写真6》ケースに入れたフォノイコライザ

■第7章　単一電源を±電源に変えるレールスプリッタ

　オペアンプで使われるプラスマイナス電源は、普通に作るとちょっと面倒です。ここはさっと作って手軽に食べられるファーストフードレシピでいきましょう。

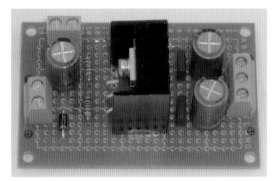

《写真7》ユニバーサル基板で組んだレールスプリッタ

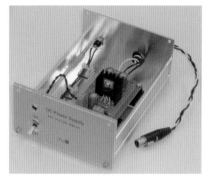

《写真8》完成してケースにいれた

■第8章　刺激的な雑味を消してくれる香辛料、ミーティング基板

　自作機では電源オンオフによるショックノイズに悩まされることがあります。それをスッキリ解決するレシピです。

《写真9》ミーティング基板

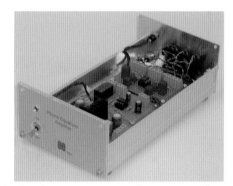

《写真10》フォノイコライザと共にケース組込み

■第9章　伝統素材、真空管を使った一味違うパワーアンプ

　半導体とは一味違ったレガシーデバイス－真空管を生かして味わい深い音を出しましょう。

《写真11》真空管アンプの基板

《写真12》アクリルケースに入れた真空管アンプ

■第10章　ちょっと発想をかえて、魅惑のサウンドを－デュアル・モノ・パワーアンプ

　ステレオアンプの最大の課題は、左右のチャンネルのそれぞれの性能のバランスとチャンネルセパレーションです。これを発想をちょっと変えてモノアンプを2台組み合わせて実現しました。

《写真13》ユニバーサル基板で組んだモノアンプと電源

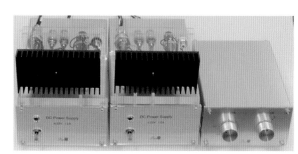

《写真14》完成したパッシブコントローラとの組み合わせ

■第11章　低音専用スピーカをもつシステム必須アイテム－ローパスフィルタ

　2.1チャンネルや5.1チャンネルといった低音専用のスピーカやアンプを持つシステムの必須アイテムです。サブウーハーでの超低音料理を賞味しましょう。

《写真15》サブウーハー用ローパスフィルタ基板

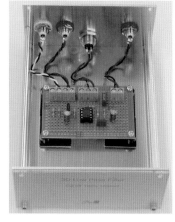

《写真16》ケースに組込んだローパスフィルタ

■第12章　素材と配線できまる味－パッシブコントローラ

　パッシブコントローラと名付けていますが、中身は、スイッチとボリュームだけの単純なものです。しかし、この機器をパワーアンプに付けるとパワーアンプがプリメインアンプに変身します。単純ですが、美味しい高級日本料理のようです。

《写真17》パッシブコントローラの外観

《写真18》パッシブコントローラの内部配線の様子

■第13章　スピーカがなくてははじまらない－バスレフ型高音質スピーカシステム

オーディオで一番重要な機器がスピーカです。本書のアンプで高音質を得られるバスレフ型スピーカを作ります。バスレフで低音増強。材料の無駄も少ないスローフード的なものに仕上がっています。

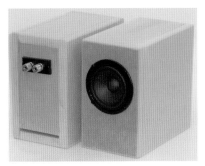

《写真19》完成したバスレフスピーカ

《写真20》外観をリメイクした

■第14章　パソコンを高音質音源に変える魔法の小箱－USB－DAC

高音質を追求するオーディオでは、脇役だったパソコンやタブレット、スマホを音源の中心として使えてしまう魔法の箱、USB-DACを作ります。平凡な材料を高級食材のようにしてしまう高級香辛料のようです。

《写真21》完成品として売られているUSB-DAC基板

《写真22》アクリル板で保護したUSB-DAC基板

■第15章　外観は昭和レトロ、中身は令和モダンのKT88シングル・モノパワーアンプ

ラジオの製作創刊65周年を記念して、65年前の意匠で中身が令和の技術で構成されているKT88シングル・モノパワーアンプを作りました。テーマを絞り込んでますが、手の込んだアラカルト料理のようです。

《写真23》KT88シングルパワーアンプの基板（2台分）

《写真24》
昭和レトロ風
に仕上がった
KT88パワー
アンプ

このページでは、本書でご紹介しているオーディオ機器を製作するために必要な工具を簡単にご紹介します。詳細は、第1章「手作りオーディオに必要な道具とその使いかた」をご覧ください。

●切る・曲げる・挟む

《写真1》ニッパー

《写真2》ラジオペンチ

《写真3》ワイヤーストリッパ

《写真4》ピンセット

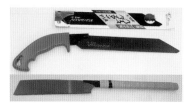

《写真5》金ノコと木工用ノコ

《写真6》糸ノコ

《写真7》バイス（万力）

《写真8》廻し引きノコギリ

《写真12》金工用小ヤスリ

●穴をあける・削る

《写真9》ドリルビット

《写真10》ピンバイス

《写真11》金工用大ヤスリ

《写真13》電動ドリル

《写真14》センターポンチ

《写真15》ステップドリル

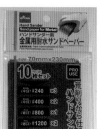

《写真17》面取りカッター

《写真16》紙ヤスリ（サンドペーパー）

《写真18》タップとタップハンドル

魅惑のオーディオレシピ　カラーで紹介、必要な基本工具 2

　このページでは、本書でご紹介しているオーディオ機器を製作するために必要な工具を簡単にご紹介します。詳細は、第１章「手作りオーディオに必要な道具とその使いかた」をご覧ください。

●ハンダづけ・ネジどめ

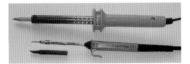

《写真 1》ハンダごて

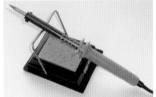

《写真 2》ハンダごて台

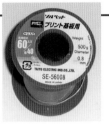

《写真 3》鉛ハンダ

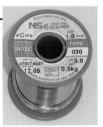

《写真 4》無鉛ハンダ

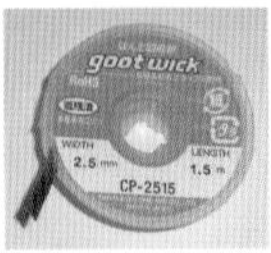

《写真 5》ハンダ吸い取り線

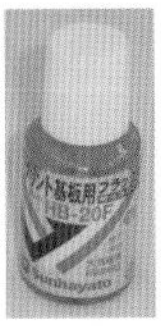

《写真 6》フラックス

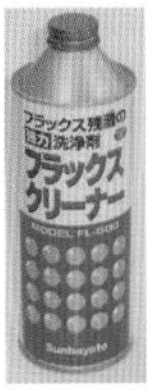

《写真 7》フラックス洗浄剤

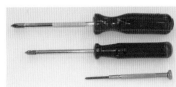

《写真 8》プラスドライバ

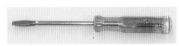

《写真 9》マイナスドライバ

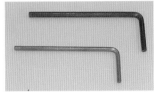

《写真 10》六角レンチ

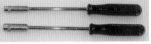

《写真 11》ナットドライバ

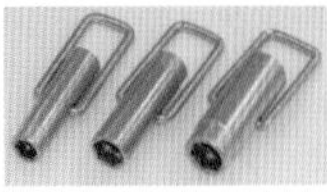

《写真 12》ボックスレンチ

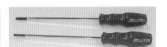

《写真 13》六角ドライバ

●測る

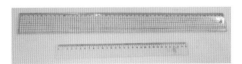

《写真 14》定規

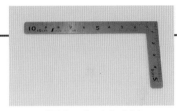

《写真 15》直角定規

●あると便利な工具

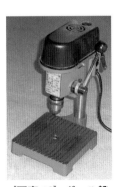

《写真 16》ボール盤

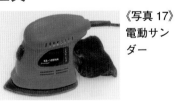

《写真 17》電動サンダー

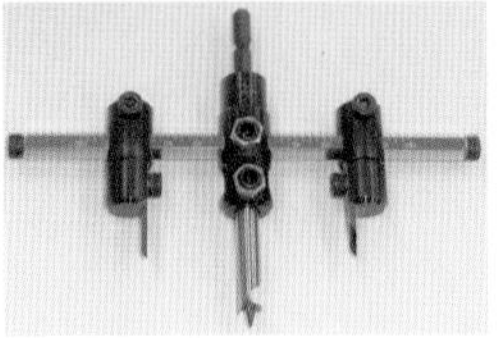

《写真 18》自在キリ

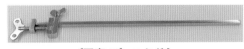

《写真 19》ハタガネ

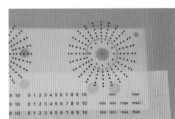

《写真 20》レタリングシート

■抵抗器のカラーコード（4帯・5帯）

　抵抗器のカラーコードは通常4帯のものと5帯のものがあり、抵抗器の精度に合わせて使い分けられています。デジタルテスターなどがあれば、カラーコードが判らなくてもいいですが、配線チェックの時など、テスターで測定できない場合は、カラーコードが頼りになりますので、覚えておくと便利です。

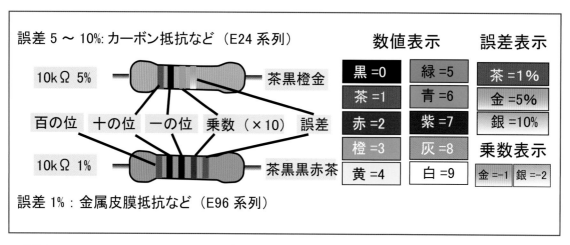

※乗数表示の"－1"や"－2"は、$1 \times 10^{-1} = 0.1$ もしくは、$1 \times 10^{-2} = 0.01$ を表します。

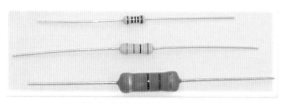

《写真1》抵抗器のカラーコード

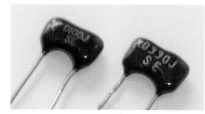

《写真2》
コンデンサ
の容量表示
（マイカコンデンサ）

■コンデンサの数値表示

　コンデンサの容量を示す数字はそのまま表示すると桁数が多くなるので、小さなコンデンサでは省略表記されます。ルールは以下のようになっています。第1表に簡単な換算表を示します。

第1表　コンデンサ容量表記の換算表

表記	μF 値	pF 値
100	0.00001	10
101	0.0001	100
102	0.001	1000
103	0.01	10000
104	0.1	100000
105	1	1000000
106	10	10000000

●表記ルールと例

YYZ　X

　数字の1桁目(Z)はゼロの個数を示す。例えば、472と表記されていたら、
4700（ゼロ二つ）pF=0.0047μF
となる。なお、二桁以下の表記はそのままpFで読む。英字のX部分は誤差を示し、以下のルールとなっている。

M=±20%　K=±10%　J=±5%

はじめに

　好きなアーティストの楽曲をいい音で楽しみたい…という希望を叶えてくれるのがオーディオという趣味だったのですが、最近はちょっと雲行きが怪しいようです。

　あらゆる楽曲がカンタンにダウンロードできるようになって、ヘッドホンで気軽に楽しむ人が増えたので、昔ながらのオーディオファンが減少したのだ…といわれます。

　家電量販店のオーディオコーナーを眺めてみると、海外製のアンプやスピーカーが主流になっていて、それらには天文学的な数字のプライスカードがついています。

　オーディオがごく一部のセレブしか楽しめない趣味になってしまったのはいつの頃からでしょうか…だれもが、お小遣い程度の出費でオーディオを楽しむことはできないものでしょうか。

　私は DIY 感覚でオーディオ機器を「手作り」する新たな趣味「手作りオーディオ」を提案しています。アンプでもスピーカーでも、ことパーツに限れば音のよいものが、お小遣い程度で購入できるようになりました。また、それらのパーツを交換して自分好みの音を追求することもできます。

　そんな思いが通じて、電波新聞社刊「電子工作マガジン」に手作りオーディオの連載記事を執筆させていただいたのですが、連載 10 回を一区切りとして、一般的なオーディオライフに必要と思われるものをピックアップして単行本化していただけることになりました。

　合わせて、手作りオーディオに必要な工具の選び方や使い方、音のよいパーツの選び方、製作ノウハウなどを追記して、初心者の皆様の指標となるようにまとめてみました。「手作りオーディオはメーカー製と比べたら性能的、音質的に劣るのではないか…」と言われるかたがおられます。私は「そんなことはありませんよ」と申し上げたいのです。

　メーカー製はどんな使い方をされても故障しないように徹底した保護回路が付加されます。この余分な回路が音を悪くするだけでなく、コストアップの要因になるのです。

　自作オーディオなら、DC が漏れている CD プレーヤや、発振しているプリアンプなどは接続しない、蛍光灯スタンドなどのノイズ源は 50cm 以上離す…などの簡単な知識があれば、余分な保護回路を省略して、音楽信号だけを通す「シンプル＆ストレートな」回路構成にすることができ「音質最優先」が実現できます。

　メーカーでは採用できないような高級高音質パーツも選びほうだいです。自分だけのオーダーメイド仕様で世界にひとつのアンプやスピーカーを製作して、お好みのアーティストの楽曲を楽しめたら、これ以上の趣味は他にないかもしれません。

　この本が、これから手作りオーディオを初めてみよう…と思われる若い人たちだけではなくて、第一線をリタイアされて再度オーディオに取り組んでみよう…と思われる皆様のお役に立てることができましたら、この上ない喜びです。

　最後になりましたが、出版にあたって尽力いただきました電波新聞社　東京本社の大橋太郎氏、太田孝哉氏、大阪本社の芝田研介氏に心より感謝申し上げます。

令和 3 年　盛夏

小椋　實

目 次

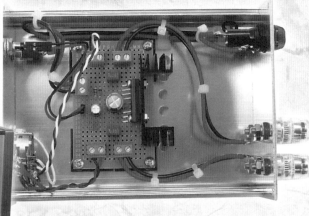

※本書は、電子工作マガジンに掲載された筆者の記事に加筆・修正を加えてまとめたものです。

手造りオーディオに必要な工具とその使いかた

料理でも電子工作でもそのための道具（工具）は非常に重要です。

包丁は料理人の命といわれますが、電子工作をする人にとってハンダごてやラジオペンチは包丁のようなものでしょう。この章では、オーディオ製作に必要な工具の選びかた・使いかたを紹介します。

第1章-0 はじめに

本章では、「基板製作に必要な工具」、「配線、組み立てに必要な工具」、「ケース製作（加工）に必要な工具」および「スピーカ製作に必要な工具」について順に紹介します。それぞれの場面で重複して登場する工具については一部解説を省略します。

読者の皆さんは、最初からすべてそろえる必要はなく、またそれは無理なことなので、基本的な工具からスタートし、必要に応じて少しずつそろえていきましょう。

第1章-1 基板製作に必要な工具とその使いかた

■1-1-1 切る・挟む

・ニッパー

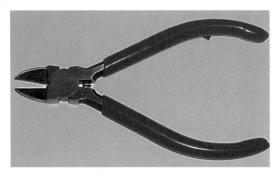

《写真1》ニッパー

《写真2》余分なリードを切る

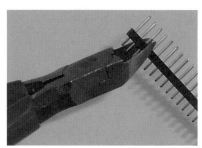

《写真3》ピンヘッダを切断

ニッパー（**写真1**）は電線や端子の切断などに使用します（**写真2、3**）。

「プラモデル用」は刃が弱いので必ず「金属用」と表記されているものを選んでください。また、100円ショップなどの廉価なものは、最初から刃がなまっていたり、耐久性に問題があるものが多かったりするので避けたほうがいいでしょう。国内ブランドか海外の有名ブランドのものをできるだけ購入しましょう。

・ラジオペンチ

ラジオペンチ（**写真4**）はリード線の折り曲げ

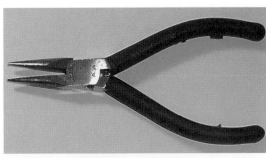

《写真 4》ラジオペンチ

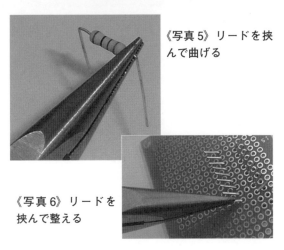

《写真 5》リードを挟んで曲げる

《写真 6》リードを挟んで整える

《写真 8》ホーザンの温度調節が可能なハンダごて

だけでなく、ナットの締め付けなどにも使用できます（写真 5、6）。

　ラジオペンチはスムーズに可動部がうごき、滑らず、しっかり物が挟めるものを購入しましょう。また、細い針金程度のものが抵抗なく切れる程度の刃がついているものを選びましょう。

■ 1-1-2　ハンダ付け

・ハンダごて

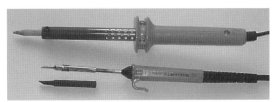

《写真 7》ハンダごて。上：60W タイプ - スピーカの端子など大きな金属部品のハンダ付けに使用。下：15W タイプ - プリント基板などの小物部品のハンダ付けに使用

　電子工作で重要な工具がこのハンダごて（写真 7）です。マイコンを使った工作では、ハンダを使わず、ブレッドボードやラッピングといったハンダ付けを使わない工作方法もありますが、オー

ディオ機器製作では確実性、信頼性が重要なので、ハンダ付けが必須です。

　ハンダごては、ニッパーやペンチなどのように用途によって、いろいろ種類があり、ハンダ自体もその用途によってバラエティが多く、初心者は選択に迷います。

ハンダごては 2 本もちを推奨

　ハンダごては、その熱容量の大きさ（ワット数）やヒーターの種類、コテ先の形状、温度調節機能の有無などで、沢山の種類があります。

　まず、ハンダごては基本的に大が小を兼ねることが難しいため、スピーカ製作で端子をハンダ付けするような用途に使う比較的熱量の多い 60W 程度のものと、細かい配線のハンダ付け用の比較的熱量の小さい 15 〜 30W ぐらいのものを 2 本揃えておくことがお勧めです。

　写真 7 の下側のハンダごては筆者が愛用している英国 ANTEX 社のものですが、軽量なので、長時間の使用でも腕が疲れにくく、先端が簡単に差し替えできるので便利です。

　予算に余裕のあるかたは、温度調節ができる、セラミックヒーターのものを選ばれてもよいでしょう（写真 8）。

・ハンダごて台

　熱いハンダごてを使用しないとき安全に置いておくための台です（写真 9、10）。

《写真 9》コテ先クリーニング用のスポンジ付の台

《写真10》
熱いハンダご
ては、ハンダ
ごて台にかな
らずおいてお
く

《写真11》
コテ先がよご
れたら、スポ
ンジでクリー
ニング

これもいろいろ種類があります。ハンダごてを置くだけではなくて、付属のスポンジに水を吸わせてコテ先をクリーニングできるタイプ（**写真11**）をお勧めします。

・ハンダ

《写真12》プリント基板用ハンダ

初心者には鉛ハンダがお勧め

ハンダも用途によっていろいろあります。いろいろな種類分けがありますが、電子部品のハンダ付け用では、鉛ハンダ（**写真12**）と鉛フリーハンダ（**写真13、14**）の二つに分けられます。また、中にはオーディオ用といった電子工作用でも用途を絞ったものもあります（もちろん、その用途以外には使えないというわけではない）。

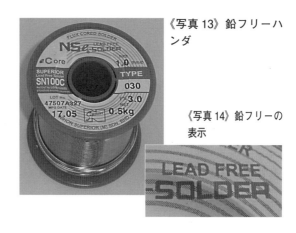

《写真13》鉛フリーハンダ

《写真14》鉛フリーの表示

鉛ハンダとは、鉛40%、スズ60%の割合で混ぜたものです。鉛フリーハンダは鉛の代わりに銀や銅などを用いたハンダです。鉛ハンダと比較して融点が高く、粘度が高いため、ハンダ付けにはある程度のテクニックが必要です。ですので、初心者には鉛ハンダをお勧めします。

鉛ハンダでも年に数台のアンプを作る程度なら健康被害を気にする必要はありません。「確実なハンダ付け」が組立後のトラブルを回避する基本です。

ハンダの太さは本誌の工作では、0.8mm ぐらいのものが使いやすいと思います。

・ピンセット

《写真15》ピンセット

ピンセットは指先の延長

ピンセット（**写真15**）はユニバーサル基板の配線やネジ端子への配線などに使用します。自分の指先の延長ですので、厚手でシッカリしたものを選んでください。

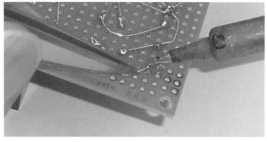

《写真16》基板裏の配線の際、リード線を固定する

《写真 17》ネジ端子へリード線を差し込んで、ネジどめ中にピンセットで保持

■1-1-3　あれば便利なもの（基板製作）

・ドリルビット

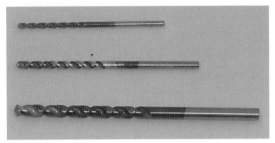

《写真 18》ドリルビット。上から 1.5mm、2mm、3.2mm

　基板製作に必要なドリルビット（ドリルの刃）（写真 18）は、径が 1.5mm、2mm、3.2mm ぐらいですが、写真 19 のように 1.5mm ～ 6.5mm がセットになったものがあれば便利です。

《写真 19》1.5mm ～ 6.5mm がセットになったドリルビット

・ピンバイス

《写真 20》ピンバイス

　ピンバイス（写真 20）とは、先端にドリルビットを取り付けて、手で回して穴をあける工具です。ユニバーサル基板の穴などを拡大するときに使用

《写真 21》ユニバーサル基板の穴を拡大

します（写真 21）。胴体部分にもチャックが収納されていて、先端部分のチャックと合わせて 2 個のチャックで 1.5mm ～ 3mm のドリルビットが装着できるようになっています。電動ドリルよりも手軽に細かい作業ができます。

■1-1-4　ハンダ付けとその修正

・ハンダ吸い取り線

　ハンダ吸い取り線（写真 22）は銅網線にフラッ

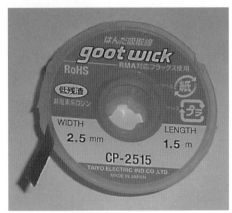

《写真 22》ハンダ吸い取り線

クスを浸透させたものです。ハンダ付けされた箇所に加熱したハンダごてと共に当て、毛細管現象を使って溶けたハンダを吸い取るものです。

　基板にハンダつけしたパーツを取り外すときなどに使用します。ハンダ吸い取り線の上にハンダごてを置き、ハンダを溶かして吸収させます（写

《写真 23》ハンダ吸い取り線の上にハンダごてを置いて吸い取る

真23)。

幅 2.5mm ぐらいのものが使いやすいと思います。

・フラックス

フラックス（**写真24**）とは、ハンダをより溶けやすく、流れやすくするためにハンダ箇所に塗る薬剤のことです。通常、電子工作用の糸ハンダはその内部にフラックスが入っており、追加でフラックスを付けなくてもハンダ付けには問題はありません。

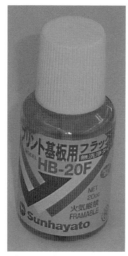

《写真24》フラックス

しかし、ハンダ付けする対象の形状の影響やハンダの酸化などにより、ハンダがうまく流れない場合にハンダ箇所に塗ります。ビンのフタにハケが付いているタイプのものを購入すると便利で、このハケでフラックスをハンダ箇所に塗布し（**写真25**）、ハンダ付けします。

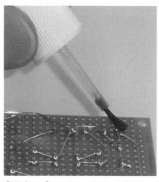

《写真25》フラックスを付属のハケで塗る

フラックスには塗布後、洗浄の不要な無洗浄タイプとそうでないタイプがあります。洗浄を要するタイプは**写真26**のようなフラックスクリーナーで洗浄しておかないと、金属部分が腐食する可能性があります。また、無洗浄タイプでも、基板がベタ付き、ホコリなどが付着する原因になることもあるので、洗浄しておいたほうがよい場合もあります。

・フラックスクリーナー

フラックスのところで述べたように無洗浄タイプのフラックスはハンダ付け後、このクリーナーで洗浄する必要があります。写真26のように大

《写真26》フラックスクリーナー（洗浄剤）

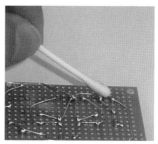

《写真27》フラックスクリーナーは綿棒の先などに付けて塗布

き目のボトルに入ったもののほか、フラックスと同じようにハケ付のビンに入ったものがあります。フラックスを購入するときは、クリーナーも同時に購入しておくと良いでしょう。なお、ハケのないボトルに入った洗浄剤は綿棒の先に付けるなどして塗布（**写真27**）し、洗浄します。

第1章-2 組み立て・配線に必要な工具とその使いかた

ここではセット全体の組み立てと配線に必要な工具とその使いかたを解説します。

以下の工具については、**第1章-1**と重複しますので、省略します。

- ・ニッパー
- ・ラジオペンチ
- ・ハンダごて
- ・ハンダごて台
- ・ハンダ
- ・ピンセット

■1-2-1 線材の被覆をはがす
・ワイヤーストリッパ

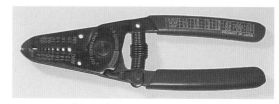

《写真1》ワイヤーストリッパ

《写真2》AWG表示とSQ（mm²）の両表示があると便利

《写真3》被覆をむくのはニッパーよりはるかに効率的

ワイヤーストリッパ（**写真1**）はビニール電線の被覆をはがすときに使用します。ニッパーでの作業よりもはるかに効率的です。**写真2**のように「AWG」と「mm²」の両方のサイズ表示があると便利です。

■ 1-2-2　ネジを回す

・プラスドライバ

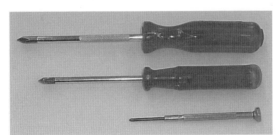

《写真4》上：サイズ2番、中：サイズ1番、下：精密ドライバ

プラスドライバのサイズは1番と2番があればほとんどの作業に対応できます（**写真4**）。

1番より小さな精密ドライバは「半固定抵抗」の調整に使ったり、固定ネジ付ツマミのネジを回したりするのに使います。

・マイナスドライバ

《写真5》マイナスドライバ

マイナスドライバもプラスドライバ同様、1番と2番があればほとんどの作業に対応できます。

1番より小さな精密ドライバは「半固定抵抗」の調整やツマミの固定ネジを回す使います。最近はマイナスネジを使用することは、ほとんどありませんので、登場の機会は限られています。

・6角レンチ

6角レンチ（**写真6**）は対辺2mm（ツマミのイモネジ用）と対辺2.5mm（M3ネジ用）があればほとんどの作業で間に合います。ツマミのイモ

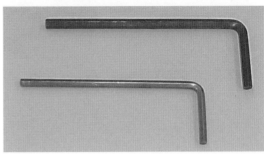

《写真6》上：対辺2.5mmのもの、下：対辺2mmのもの

《写真7》パネル固定用の6角ネジを回す

《写真8》ツマミのイモネジ（固定ネジ）を回す

ちょっと解説

線材の太さを示す単位のAWGとは

AWGは「American Wire Gauge」の略です。アメリカで一般に使われている電線の規格です。UL（Underwriters Laboratories Inc.）規格で認定されている規格でもあります。日本のJIS規格では、線の太さにSQ（スクエア-mm²）が用いられ、数字が大きくなると、線も太くなりますが、AWGは反対に大きくなると、線は細くなります。国際規格としてはAWGのほうに知名度があり、メーカーでは線の太さを両表記している場合もあります。また、SQとAWGとの単位換算表も利用できます。趣味で電線を使う場合は、どちらの規格のものを利用しても差し支えありません。わが国では、SQで太さが表現されるのは、単線のもの（1本の線が単一の線でできている）が多く、AWGは複数の細い線が組み合わされて1本となっているものによく使われるようです。

ネジ（軸に固定するためのネジ）を締めるために
使うほか、フロントパネルなど見た目を重視する
部分のネジ止めする場合に6角ネジを使う場合に
使用します（写真7、8）。

■1-2-3　あれば便利なもの（ネジを回す）

・6角ドライバ

6角レンチに柄を付けてドライバ化したもので

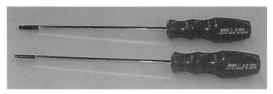

《写真9》六角ドライバ

す。レンチ同様、対辺2mm（ツマミのイモネジ用）
と対辺2.5mm（M3ネジ用）があればほとんどの
作業で間に合います（写真10）。

・ボックスレンチ

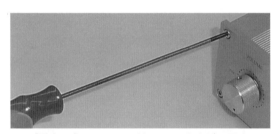

《写真10》フロントパネルの6角ネジの固定

ボックスレンチ（写真11）は、ボリュームや

《写真11》ボックスレンチ（左：8mm-9mm、中央：
10mm-11mm、右：12mm-14mm）

RCAジャックなど大径ナットの取り付けに使用
します。

ラジオペンチなどでも代用できますが、ボック
スレンチならケースに傷を付けずに作業できます
（写真12）。径は1本で2種類に対応しますが、
8mm-9mm、10mm-11mm、12mm-14mmの組を

《写真12》ボックスレ
ンチでボリュームの
ナットを締める

揃えておけば、だいたいの場合、間に合います。

・ナットドライバ

ナットドライバ（写真13）はボックスレンチ

《写真13》ナットドライバ

に柄をつけたようなものです。狭い場所へのナッ
トの取り付けに重宝します（写真14）。

サイズは対辺5.5mm（M3ナット用）と対辺
7mm（M4ナット用）があれば、十分です。

《写真14》狭い場所へ
のナットの取り付けに
便利

第1章-3　ケース加工に必要な工具と その使いかた

■1-3-1　切断・穴あけ

・金切りノコ（金属切断用ノコギリ）

以前は写真2のように金切りノコ（写真1）で
アルミ板をカットしていましたが、昨今、指定寸
法にカットして納品してくれる業者がネット上に
たくさん存在しています。ですので、そのような
業者さんにお願いされてもよいと思います。

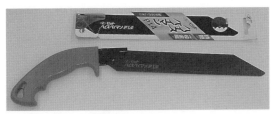

《写真1》金切りノコ

《写真2》カットする金属を万力などに挟み、シッカリ固定して切断する

・金工ヤスリ

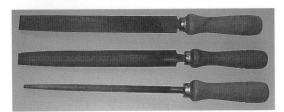

《写真3》大型のヤスリ。上:平ヤスリ、中:半丸ヤスリ、下:丸ヤスリ

《写真4》小型のヤスリ。上:平ヤスリ、中:丸ヤスリ、下:半丸ヤスリ

「平ヤスリ」、「半丸ヤスリ」、「丸ヤスリ」の3種類をそれぞれ「大型」と「小型」で揃えておくと便利です（写真3、4）。

角穴の加工（写真5）や丸穴の拡大（写真6）、バリ取りなどに使用します。

《写真5》角穴の加工

《写真6》丸穴の拡大

・電動ドリル

電動ドリル（写真7）は穴あけ加工に使用します（写真8）。昔はハンドドリルが主役でしたが、現在は電動工具が安価になっていますので、電動ドリルが1台あれば便利です。

電子工作では屋内での作業がメインですので、高価な充電タイプを選ぶ必要はありません。

《写真7》電動ドリル

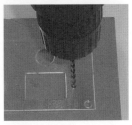

《写真8》電動ドリルでの穴あけ加工

・ドリルビット

《写真9》ドリルビットのセット

ドリルの刃であるドリルビットはケース加工用としては、金工用のものを購入してください。径が1.5mm〜6.5mmまでがセットになったものが便利です（写真9）。

・バイス（万力）

《写真10》バイス（万力）はものを挟んで固定するもの

アルミ板を折り曲げたり、切断加工したりするときの固定用として使用します（写真10）。

《写真11》バイスに挟んで曲げる

・糸ノコ

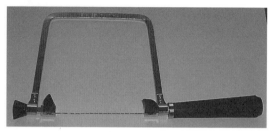

《写真12》糸ノコ

糸ノコ（写真12）はアルミ板の切断、角穴加工などに使用します。ドリルで3mm～4mmの穴をあけ、そこに糸ノコの歯を通して切断します（写真13）。

糸ノコの歯は一方方向だけ切れるもの（写真14）と全方向切れるもの（写真15）がありますので、使い易いほうを選んでください。一方方向のみに切れるタイプは、直線に長く切る場合は有利です。全方向に切れるタイプは丸穴などにも対応します。

《写真13》ドリルで3mm～4mmの穴をあけ、そこに糸ノコの歯を通して切断

《写真14》一方方向に切れるタイプ

《写真15》全方向に切れるタイプ

・定規（金尺）

《写真16》定規。上：50cmタイプ、下30cmタイプ

プロは金属製の定規「金尺」を使いますが、われわれアマチュアは樹脂製の定規でもかまいません（写真16）。ただし、100円ショップなどで売られている安価なものは正確さに欠けますので、小さいサイズの部品を測る場合などには注意が必要です。

30cmと50cmのものがあれば便利です。

・直角定規

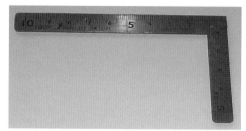

《写真17》直角定規

直角定規（写真17）はアルミ板などに寸法線を記入する（ケガキ作業）ときに使用します。ないときは三角定規で代用します。

・ポンチ

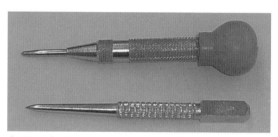

《写真18》ポンチ。上：バネの力で打ち付けるタイプ、下：ハンマーで叩くタイプ

ポンチ（写真18）はドリルで穴あけする前に穴位置にヘコミをつけてドリルが滑らないようにします。

ハンマーで叩くタイプ（写真18下）と手で押

《写真19》ヘコミを付けたい箇所にポンチを押し付ける（あるいは押しつけて上からハンマーで軽くたたく）

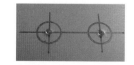

《写真20》穴位置にヘコミがついた

し付けるとバネの力で打ち付けてくれるタイプ（写真18上、写真19、20）があります。

■ 1-3-2　ケース表面の塗装前仕上げ

・サンドペーパー（金属用耐水）

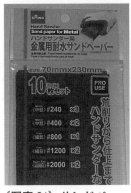

《写真21》サンドペーパー（金属用耐水）

《写真22》裏側に目の荒さが表示されている

サンドペーパーは塗装前の表面仕上げに使用します。240番から2000番ぐらいまでの目の荒さがセットになったもの（写真21）があれば便利です。サンドペーパーの裏側に目の荒さが表示されています（写真22）。

なお、金属塗装用には金属用耐水ペーパーを使用します。耐水ペーパーを使うと、いわゆる水トギという金属粉を飛ばさず、洗いながしながら塗装面を仕上げる作業ができます。

■ 1-3-3　〈あれば便利なもの〉ケース加工

・ステップドリル

《写真23》ステップドリル

ステップドリルとは、文字通り、刃に段差がついたドリルで一般的なドリルの最大径である6.5mm以上の穴あけ加工に使用します（写真24）。

以前は、テーパーリーマなどを使って手で作業

《写真24》径6.5mm以上の穴あけ加工に使用

していましたが、電動ドリルとステップドリルを組み合わせれば、作業がはるかにラクになります。

・面取りカッター

《写真25》面取りカッター

《写真26》バリの部分にカッターを当てて回転させて除去する

ステップドリルで穴加工したとき、アルミ板の裏側に必ずバリが出ますので、この面取りカッター（写真25）でバリを除去します。バリ取りナイフより簡単です（写真26）。

・ボール盤

《写真27》ボール盤

《写真28》ボール盤を使うとより正確な加工が可能

ボール盤（写真27）は電動ドリルを基台に取り付けたようなもので、より精密な穴あけ加工ができるようにしたものです（写真28）。ホームセンターでは1万円以下で購入できるところもあります。

プロ用のような精度は不要ですので、安価なものでもこれ1台あれば作業がグッと楽になります。

・タップとタップハンドル

タップ（写真29）はメスネジを切るときに使用します。

ヒートシンクにパワーFETやパワーICを取

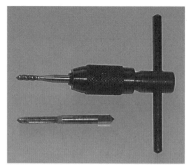

《写真29》
上：タップハン
ドル、
下：タップ

《写真30》ヒート
シンクにタップを
立てる

り付けるときはヒートシンクにメスネジを切る必
要があります（**写真30**）。この作業を「タップを
立てる」といいます。

　M3とM4用があれば便利です。仕上げ工程別
に、「1番」、「2番」、「3番」タップがあります。
アマチュアは2番タップがあればよいでしょう。

・切削油

《写真31》切削油。ハケ付のビ
ン入りのものもある

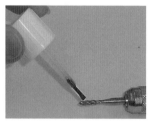

《写真32》切削油をドリル
ビットに塗り付ける

　切削油（**写真31**）は、ドリルで穴あけすると
きや、タップを立てるときに使用すると加工がキ
レイにできます。ドリルやタップに塗りつけてか
ら作業する（**写真32**）と刃の切れ味が良くなり、
結果、加工面がキレイに仕上がります。

第1章-4　ケース塗装とそのための工具・塗料

■1-4-1　色を塗る

・プライマー（下塗剤）

《写真33》プライマー（下塗剤）
スプレータイプ

　金属にいきなり塗料を塗っ
ても強固に付着せず、はがれ
やすくなります。このため、
まずプライマー（**写真33**）
で下塗りして、塗料が付着し
やすくします。

　使いかたは、スプレータイ
プの場合、塗装面から約
30cm離してスプレーします。乾燥を待って2～
3回スプレーして塗り重ねます。

・スプレー塗料

　ホームセンターなどには多
くの色のスプレー塗料（**写真
34**）がそろっていますで、お
好みの色を選べます。

　塗装は一度に大量に吹き付
けず、約30cm離して軽くサッ
と吹き付けるのがコツです
（**写真35**）。これを2～3回繰

《写真34》スプ
レー塗料

《写真35》約30cm
離してスプレーする

り返して重ね塗りす
るとキレイに仕上が
ります。

■1-4-2　仕上げ

・レタリングシート

　レタリングシート
（**写真36**）はパネル
に文字入れするとき
に使用します。薄い
色のパネルには黒色
を、黒色のパネルに
は白色のレタリング

《写真36》レタンリングシー
ト

《写真 37》先の細いもので擦って転写

《写真 38》転写後、クリアスプレーを吹いてコート

シートを使用します。

　鉛筆や使い終わったボールペンの先などで擦って文字を転写（写真 37）したあと、クリアのスプレー塗料でコーティング（写真 38）します。

・転写フィルム・シール印刷機

　現在は、インクジェットプリンタを用いて転写フィルムが自作できるシートもあるので、それを使ったり、テプラやネームランドなどといったシール印刷機（写真 39）で作成することもできます。特に黒いパネル上に白文字を入れる場合は、

《写真 39》CASIO のシール印刷機「KF-20」

《写真 40》透明なテープに白文字で印刷できるラベルシール

一般のプリンタでは白い文字が印刷できないため、シール印刷機で作成する必要があります（写真 40）。

第 1 章 -5　スピーカ製作に必要な工具および塗料とそのつかいかた

　以下のものは、第 1 章 -3-1 と同じですので省略します。
・電動ドリル

■1-5-1　切断・穴あけ
・木工用ノコギリ

《写真 1》木工用ノコギリ

《写真 2》ノコギリで直角を出すには経験が必要

　従来は材料を木工用ノコギリ（写真 1）でカットしていましたが、直角をうまく切るには経験が必要です（写真 2）。最近は、ホームセンターなどでカットしてもらえるところも多いでから、図面を持っていってカットしてもらうことをお勧めします。ただし、直線カットのみのところが多いようです。

・廻し引きノコギリ

《写真 3》廻し引きノコギリ

《写真 4》ノコギリの歯が通るぐらいの丸穴をあける

《写真 5》大口径の丸穴をくり抜く

廻し引きノコギリ（写真3）はスピーカユニットの取付穴など大口径の丸穴加工に使用します。ノコの歯が通るくらいの丸穴（10mm〜12mm）を開けてから（写真4）、廻し引きノコギリで切り抜きます（写真5）。

・木工用ドリル（ビット）

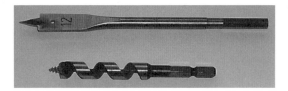

《写真6》木工用ドリル（ビット）（上：フラットスペード型、下：らせん型）

写真6のような形状がありますが、どちらでも使えます。スピーカーターミナルの穴など10mm前後の穴あけに使用します（写真7）。

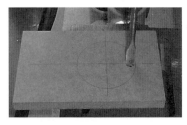

《写真7》10mm前後の径の穴あけに使用

・直角定規（曲尺）

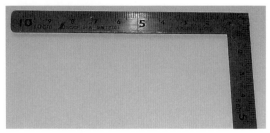

《写真8》直角定規（曲尺）

直角定規（写真8）はケース加工の場合と同じで、直角を確認するときに使用します（写真9）。樹脂製より金属製のものをお勧めします。小型の三角定規でも代用できます。

《写真9》直角を確認

・木工用サンドペーパー

ケース加工のときと同じですが、耐水である必要はありません。80番と120番ぐらいの目の粗さのものを追加すればよいでしょう。

■1-5-2　あれば便利なもの（切断・穴あけ）

・電動サンダー

《写真10》電動サンダー

電動サンダー（写真10）は木材を電動でペーパー掛けする機械（写真11）です。手よりはるかにラクかつ効率的に作業できます。

《写真11》ヤスリ掛けの手間が大幅に軽減

・ハタガネ

《写真12》ハタガネ

ハタガネ（写真12）はバックロードホーンなど大型エンクロージャの組み立てに使用します。

板材の長さが1m近くなるとどうしても板に反りが発生しますので、ハタガネで締め付けて矯正します（写真13）。

《写真13》ハタガネで矯正中

長さ30cm未満の板材を使用する小型エンクロージャには必要ありません。

・自在キリ

自在キリ（写真14）はスピーカユニットやバスレフダクトなどの大口径の丸穴加工に使用します（写真15）。

廻し引きノコギリやジグソーよりはるかに作業

《写真14》自在キリ

《写真15》穴径は自由に設定できる

がラクにできます。

穴径は自由に設定できますが、20mm〜130mmぐらいまでが一般的です。

■ 1-5-3　接着する・塗る

・木工用ボンド

木工用ボンド（写真16）は塗布時には乳白色（写真17）ですが、乾燥すると透明になります。

5〜10分ぐらいで硬化してきます。完全に固まり強度が出るまでは、3〜4時間必要です（写真18）。

《写真16》木工用ボンド

《写真17》塗布時には乳白色。はみ出したボンドは乾く前に濡れ雑巾で拭き取っておく

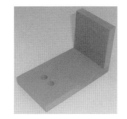

《写真18》完全に固まり強度が出るまでは、3〜4時間必要

・オイル（仕上げ用）

オイルは天然木や合板の仕上げに使用します。MDFにはお勧めできません。写真19は英国ブランドの「ワトコ」（Watco）です。東急ハンズやホームセンターな

《写真19》オイル（仕上げ用）

《写真20》ハケで塗布

《写真21》ウェスで拭き取る

どで入手できます。600〜800番のサンドペーパーで仕上げた後、ハケを使って塗布します（写真20）。その後、15〜30分経過してから、ウェスで拭き取ります（写真21）。1〜2日乾燥させれば完成です。しっとりとした上品なツヤが得られるのが特徴です。

・シーラー（下塗剤）

シーラー（写真22）は、塗装仕上げする際の下塗りに使用します。下塗りせずに直接塗装すると木の切断面が塗料を吸い込んでマダラとなり、仕上がりが汚くなります。

《写真22》シーラー（下塗剤）

シーラーで下地を作ってから塗装するとキレイな仕上がりになります。

ハケ塗り、スプレーいずれの場合でも下塗り工程は必要です。

・ハケ塗り塗料

水性塗料と油性塗料がありますが、お好みで選んでください（写真23）。

《写真23》ハケ塗り塗料

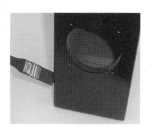

《写真24》数回重ね塗りするとキレイに仕上がる

筆者は環境にやさしくて、水で薄めることができる水性塗料をお勧めします。

少し薄めにして数回塗り重ねるのがキレイに仕上げるコツです（写真24）。

・スプレー塗料

スプレー塗料（写真25）を使用するとハケ塗より簡単にキレイに仕上げることができます。

一度にタップリ吹き付けると塗料がタレてきますので、塗装面から30cmぐらい離してサッと軽く吹きつけます（写真26）。

乾燥をまって3〜4回重ね塗りするのがキレイに仕上げるコツです。充分乾燥させてから、コンパウンドなどの研磨剤で磨くと美しいツヤが出てきます。

《写真25》スプレー塗料。ハケ塗よりもカンタン

《写真26》塗装面から30cm位離してスプレー

・ステイン（着色剤）

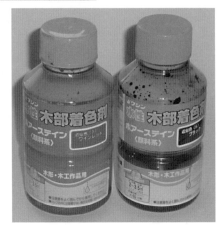

《写真27》ステイン（着色剤）

《写真28》好みの濃さになるまで何度も重ね塗り

《写真29》透明スプレーで仕上げ

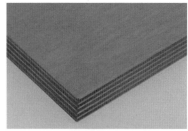

《写真30》赤いステインでの塗装例

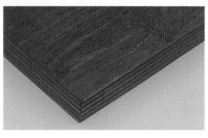

《写真31》黒いステインでの塗装例

ステイン（着色剤）（写真27）を使用すると、木目を生かしながら、お好みの色に着色できます。ステインを少し薄めてサッと塗ります。乾燥をまって、好みの濃さになるまで数回重ね塗りします（写真28）。十分乾燥させてから、透明のスプレー塗料で仕上げ塗装します（写真29）。

写真30は赤色のステインで着色したあと、透明のアクリルスプレーで仕上げた例です。写真31は黒色のステインで着色したあと透明のアクリルスプレーで仕上げたものです。

製作のノウハウ

　おいしい料理を作るには、良い素材、良い道具、良いレシピ、そして、当然ながら良い腕が必要です。良い腕は一朝一夕に身に付けることはできません。これはオーディオの製作でも同様です。そこで、経験豊富な料理人から、ノウハウを学ぶことになります。

　この章では、「ユニバーサル基板のつくりかた」、「ケース加工のしかた」および「スピーカーエンクロージャーのつくりかた」の基本ノウハウを紹介します。

第2章-1 ユニバーサル基板のつくりかた

■2-1-1 基板をカットするとき

　いろいろなサイズのものが販売されていますので、それを使用するのがおすすめですが、適当なサイズがないときはカットして希望のサイズの基板がつくれます。

Step1　金属用ノコでカットします（写真1）。

Step2　切り口をヤスリで仕上げます（写真2）。

《写真1》金属用ノコでカット

《写真2》切り口をヤスリで仕上げる

■2-1-2 穴を拡大するとき

　ヒートシンクなどをネジ止めするときはネジ穴をあける必要があります。

Step1　穴位置をサインペンでマーキングします（写真1）。

Step2　3.2mmのドリルで穴を拡大します（写真2）。

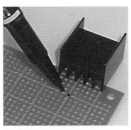

《写真1》サインペンでマーキング

《写真2》ドリルで穴を拡大

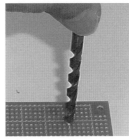

《写真3》バリ取りする

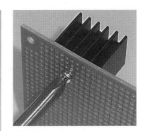

《写真4》ヒートシンクをネジ止め

Step3　6mmのドリルを手で持って軽く回してバリ取りをします（写真3）。

Step4　ヒートシンクをネジ止めします（写真4）。

■2-1-3 ハトメを打つとき

　ピンで固定するタイプのヒートシンクを取り付けるときは基板にハトメを打って、そこにハンダづけして取り付けます。ネジ端子のかわりにハトメラグを使用するときも同じ要領で作業します。

Step1 ピンの穴位置をサインペンでマーキングします（写真1）。

Step2 2mmのドリルで穴を拡大します。写真はピンバイスを使用していますが、電動ドリルでもOKです（写真2）。

Step3 6mmのドリルで両面のバリ取りをします（写真3）。

Step4 基板の表面（部品面）から2mmのハトメを通します（写真4）。

Step5 プラスドライバーをハトメにのせてハンマーで叩いてハトメを開きます（写真5）。

Step6 開いたハトメ部分をハンマーで叩いて、平らにします（写真6、7）。

Step7 ヒートシンクのピンをハンダ付けし固定します（写真8）。

第2章-2　ユニバーサル基板の配線のしかた

　ユニバーサル基板の配線方法です。基本、パーツのリード線は使用せずにスズメッキ線を用いて配線します。

■2-2-1　ユニバーサル基板裏での配線方法

　以下の手順で部品を基板に取り付けて配線して行きます。

Step1 基板表面（部品面）からパーツを挿しこみます（写真1）。

Step2 基板裏面でパーツのリード線を曲げて抜け落ちないようにします（写真2）。

Step3 ハンダ付けします（写真3）。

Step4 リード線を根元からカットします（写真4）。

Step5 スズメッキ線の先端に予備ハンダ（ハンダメッキ）をします（写真5）。

Step6 配線をスタートする起点にスズメッキ線をハンダ付けします（写真6）。

Step7 次にハンダづけするところに距離を合わせてスズメッキ線に予備ハンダをします（写真7）。

Step8 次点にハンダづけします（写真8）。

Step9 以下この作業を繰り返しながら配線していきます。

　パーツをハンダづけするとき、初心者はパーツを1個ずつ順に挿しこんでハンダづけするのが無難です。慣れてくると複数のパーツを同時にハンダづけすることができるようになります。

　スズメッキ線は0.4〜0.5mmの太さのものが使いやすいと思います。

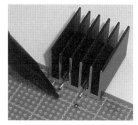

《写真1》穴位置にマーキング

《写真2》穴をドリルなどで拡大

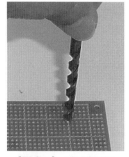

《写真3》バリを取る

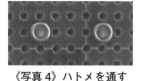

《写真4》ハトメを通す

《写真5》ドライバの先やハトメポンチなどでハトメを開く

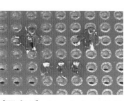

《写真6》開いたハトメをハンマーなどで叩いて平らに

《写真7》平にしたハトメ

《写真8》ヒートシンクのピンをハンダ付け

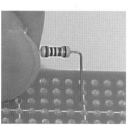

《写真1》パーツを挿しこむ

《写真2》リード線を曲げて抜け落ちないように

《写真3》ハンダ付け

《写真4》リード線を根元からカット

スズメッキ線

《写真5》ハンダメッキをする

《写真6》スズメッキ線をハンダ付け

《写真7》距離を合わせてスズメッキ線に予備ハンダ

《写真8》次点にハンダ付け

■2-2-2　ネジ端子の取り付けかた

　基板と入出力端子などを配線するためにネジ端子を使用するのですが、その取り付け方法です。ネジ端子を使用せずにハトメラグで代用することもできます。

Step1　マスキングテープやセロハンテープでネジ端子を固定します（写真1）。

Step2　基板裏面からハンダ付けします（写真2）。

Step3　マスキングテープをはがします。

　初心者は上記での作業をおすすめします。慣れ

《写真1》ネジ端子を固定

《写真2》裏面からハンダ付け

てくるとテープを使わずにハンダ付けできるようになります。

第2章-3　端子と電線のハンダづけのしかた

　パネル取り付けたスイッチやボリューム、RCAジャックなどにリード線をハンダ付けする方法を説明します。

Step1　端子に予備ハンダをします（写真1）。

Step2　電線にも予備ハンダをします（写真2）。

Step3　端子の上に電線を置いてハンダごてを当て、双方のハンダが溶けるのを待ちます（写真3）。

《写真1》端子に予備ハンダ

《写真2》電線に予備ハンダ

《写真3》端子の上に電線を置いてハンダ

第2章-4　ケース加工のしかた

　アルミ板を使ったフロントパネルとリアパネルの加工例を紹介します。

■2-4-1　アルミ板のカット

　市販のシャーシを使わず、フロントパネルなどを作成する際には、アルミ板などのカッティングが必要です。

Step1　カットするところをサインペンなどでマーキングをします（写真1）。塗装作業の前に台所用の研磨剤入りスポンジで磨けばサインペンの跡はキレイに消せます。

《写真1》マーキングする

《写真2》カットする

《写真3》ヤスリで仕上げ

Step2 金属用ノコでカットします（写真2）。

Step3 切断面をヤスリで仕上げます（写真3）。

■2-4-2 丸穴の加工のしかた

スイッチやコネクタを取り付ける穴をあける方法を解説します。

・直径6mm以下の場合（スイッチ取付穴など）

以下の手順で加工します。5mm以上の太さのドリルを使用するときは、3mm～4mmのドリルで下穴をあけた後、1mmずつ穴を拡大していくとキレイに仕上げることができます。

Step1 穴位置をマーキングします（写真1）。

Step2 ポンチで凹みをつけます（写真2）。

Step3 ドリルで穴加工をします（写真3）。

《写真1》穴位置をマーキング

《写真2》ポンチで凹みをつける

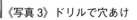

《写真3》ドリルで穴あけ

・直径6mm以上の場合（RCAジャック取付穴など）

比較的大きい端子や部品の取り付け穴をあける方法を解説します。

Step1 穴位置をマーキングして、ポンチで凹みをつけます（写真4）。

Step2 ステップドリルで穴加工します（写真5）。

《写真4》穴位置をマーキング

《写真5》ステップドリルで穴あけ

Step3 面取りカッターでバリを除去します（写真6）。

6～12mmの大径の穴加工にはステップドリルを使用します。裏面にはバリが盛大に出ますので面取りカッターでバリ取りをします。

《写真6》バリを除去

面取りカッターがないときはニッパーでバリを切り取り、ヤスリで仕上げます。

ステップドリルがないときは丸ヤスリで穴を拡大します。

■2-4-3 角穴の加工のしかた

・ACインレットなどの角穴

ACインレットやシーソースイッチなどを取り付けるための角穴をあける方法を解説します。

Step1 穴位置をマーキングして、四隅に3mmの穴をあけます（写真1）。

Step2 糸ノコで角穴を切り抜きます（写真2）。

Step3 ヤスリで仕上げます（写真3）。

《写真1》穴位置をマーキングし、4隅に穴

《写真2》糸ノコで角穴をくり抜く

《写真3》ヤスリで仕上げ

第 2 章 – 5　塗装のしかた（アンプユニットのフロントパネルの例）

　オーディオの世界では、機器のデザイン（外観）も非常に重視されます。見た目の悪い機器は音も悪いという考えかたです。内部の配線もそうですが、塗装もキレイにできるようになりましょう。

■2-5-1　下処理

・下処理は丁寧に

　金属も木材も塗る前の下処理は非常に大切です。これを怠ると塗装がすぐはげたり、色がムラになったりします。

Step1　塗装作業の前に 400 番くらいのサンドペーパーで塗装面を研磨します。

Step2　その後、台所用の「研磨材入りスポンジ」に水を含ませて磨き、油分を除去します（写真1）。

Step3　プライマーで下塗りします（写真2）。アルミパネルから約30cm 離してサッと軽く吹き付けます。乾燥を待って2〜3回塗り重ねます。

■2-5-2　上塗り

　きれいに塗るコツは、薄く何回も重ね塗りすることです。

　スプレー塗料で上塗りします（写真3）。アルミパネルから約30cm 離して、サッと軽く吹きつけ、乾燥を待って2〜3回塗り重ねます。

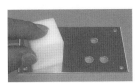

《写真1》研磨剤入りスポンジで磨く

《写真2》プライマーで下塗り

《写真3》スプレー塗料で上塗り

　うですが、共立電子では販売を継続しています。通販を含めた各店で購入できます。

Step1　文字の位置を決めて、アルミパネルの上にレタリングシートを乗せます（写真1）。アルミパネルとレタリングシートの間にコピー用紙などを挟んで余分な文字が転写されないように保護します。

Step2　2〜3H くらいの鉛筆や竹箸の先を丸く削って、レタリングシートの文字の上を擦ります（写真2）。

Step3　レタリングシートをそっとはがすと、文字が転写されています（写真3）。

Step4　レタリングシートに付属の台紙を乗せ、文字の上を押えて定着させます（写真4）。

Step5　透明のスプレー塗料でコーティングします（写真5）。約30cm 離してサッと軽く吹きつけます。塗料が多いと文字を溶かしてしまいます。乾燥を待って2〜3回重ね塗りします。

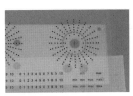

《写真1》レタリングシートを乗せる

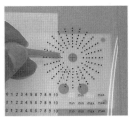

《写真2》レタリングシートの文字の上を擦る

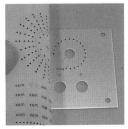

《写真3》レタリングシートをそっとはがす

《写真4》押えて定着させる

《写真5》透明のスプレー塗料でコーディング

第 2 章 – 6　文字入れのしかた

　レタリングシートを使った文字入れのしかたを紹介します。レタリングシートは入手しにくいよ

第 2 章 – 7　スピーカーエンクロージャーのつくりかた

　小型スピーカー用エンクロージャー（スピーカーボックス）のつくりかたのノウハウを紹介し

ます。

■2-7-1　木材の種類と選びかた

8～12cm口径のスピーカーユニット用のエンクロージャーには15mmくらいの板厚が適当です。

・MDF

MDFは硬くて緻密で加工しやすく、しかも安価ですのでおすすめです（写真1）。ただし切断面から吸水するのでオイル仕上げには不向きです。シーラーで下塗りした後、水性もしくは油性の塗料で上塗りします。

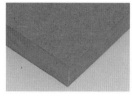

《写真1》MDF

・ホワイトバーチ合板

ホワイトバーチ合板は「フィンランドバーチ」や「ロシアンバーチ」などと産地の名前で呼ばれています（写真2）。見た目はベニヤ板のようですが繊維が緻密で硬質、しかも響きが美しくベニヤ板とはまったく別物です。

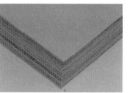

《写真2》ホワイトバーチ合板

よいことばかりなのですが、硬すぎて加工が大変なので電動工具が必須になります。美しい木目を生かすべく、オイル仕上げやワックス仕上げがおすすめです。ステインで着色すれば木目を生かしながら、好みの色に仕上げることができます。

・パイン集成材

パイン集成材は入手しやすく加工もカンタンですので初心者におすすめです（写真3）。
ただし、やわらかい素材なので響きがニブくなる傾向があります。

《写真3》パイン集成材

その他「杉」や「桧」や「ラワン」などの単板もホームセンターなどで販売されていますが、単板は時間が経つと「割れ」や「反り」が発生しますのでエンクロージャーの素材としてはおすすめできません。

■2-7-2　木材の直線カットのしかた

・カットサービス利用がお勧め

写真4はゼットソーを使って手でカットして

いますが、経験を積まないとうまく直角に切断できません。昨今はホームセンターや東急ハンズなどでカットサービスがありますの

《写真4》ゼットソーを使って手でカット

で、簡単な図面を持っていって機械でカットしてもらうことをおすすめします。

■2-7-3　丸穴の加工のしかた

・直径6mm以下の場合

ケース加工と同様に金属用のドリルが使用できます。

・直径6mm～12mmの場合

6mm以上の場合、12mm程度までは、以下の手順で開けます。

Step1　木工用ドリルを使用します。写真5のような形状がありますがどちらを選んでもかまいません。

Step2　電動ドリルもしくはボール盤で穴をあけます（写真6）。

《写真5》木工用ドリルを使用

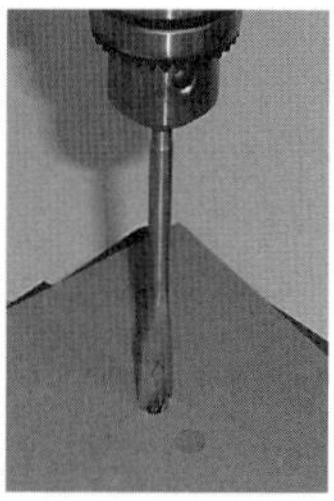

《写真6》穴あけをする

・直径12mm以上の場合　その1（廻し引きノコ）

ドリルで開けられない大きさの穴は廻し引きノコギリなどを使って開けます。ノコギリの場合は丸くあけるのに、ややテクニックが必要です。

Step1　コンパスで穴の位置をマーキングします（写真7）。

Step2　木工用ドリルで穴をあけます（写真8）。

Step3　廻し引きノコで切り抜きます（写真9）。

《写真7》穴の位置をマーキング

《写真8》ドリルで穴あけ

《写真9》ノコで切り抜く

・直径12mm以上の場合　その2（自在キリ）

12mm以上の場合は自在キリか廻し引きノコギリを使いますが、キレイにあけるには自在キリのほうが有利です。

Step1　自在キリを使用すれば任意のサイズの丸穴をあけることができます（写真10）。

Step2　ボール盤もしくは電動ドリルで1/2の深さまで穴あけします（写真11）。

Step3　裏返して、裏面から残り1/2を穴あけすれば、キレイに仕上げることができます（写真12）。

《写真10》自キリでは任意のサイズの丸穴をあけできる

《写真11》2分の1の深さまで穴あけ

《写真12》裏面から残り2分の1を穴あけ

第2章-8 木材の塗装のしかた

スピーカーの塗装は、見た目だけでなく、その音質にも影響を与えます。バイオリンの名器、ストラディバリウスは、塗ってある塗料（ニス）によってあの美音が出ているといわれます。

■2-8-1　穴埋め

・パテでの補修

切断時の誤差や加工ミス、木の狂いなどで隙間が空いてしまったときは、パテで穴埋めして補修します。

Step1　小さなキズやスキマは木工パテを塗って補修します（写真1、2）。木材の色に近い色のパテを選びます。

Step2　パテが乾燥してからサンドペーパーで研磨します（写真3）。120番、240番、400番の順で磨いていきます。

《写真1》木工パテを塗って補修

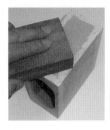

《写真2》木の色に近いパテを選ぶ

《写真3》目の粗いものから細かい順でペーパーがけ

■2-8-2　塗装仕上げ

木材は切断面から吸水しますので、いきなり塗装すると色ムラができて、仕上がりが汚くなります。

Step1　まずシーラーで下塗りをします（写真1、2）。

Step2　乾燥を待って400番～800番のサンドペーパーで磨きます（写真3）。

Step3　水性もしくは油性塗料で上塗りします（写真4）。写真ではスプレー塗料を使用していま

《写真1》シーラーで下塗り。切断面から塗る

《写真2》シーラーで下塗り。全体にムラなく

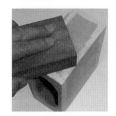

《写真3》サンドペーパーで磨く

《写真4》上塗りする

すがハケ塗りでもかまいません。

■2-8-3　オイル仕上げ

　ホワイトバーチ合板など
の木目を生かした仕上げに
おすすめです。しっとりと
した上品な仕上がりになり
ます。

Step1　オイルをハケに
たっぷりつけて均一に塗り
ます（写真1、2）。写真は
英国ブランドオイルの「ワ
トコ」です。JBLの高級ス
ピーカーに使われていたこ
ともあって人気があります。

Step2　塗布後15〜30
分放置してから布で拭き取ります（写真3）。24
時間以上乾燥させれば完成です。

《写真1》英国ブラ
ンドオイルの「ワト
コ」

《写真2》均一に塗る

《写真3》布で拭き取る

■2-8-4　ステインによる着色仕上げ

　ステイン（着色剤）は、文字通り素材に色を付
けるための塗料で下地がそのまま出る形で着色で
きるものです（写真1）。水性のものと油性（オ
イルステイン）があります。初心者には水性が使
いやすいでしょう。

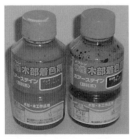
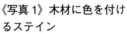

《写真1》木材に色を付け
るステイン

《写真2》薄めて何回も塗
るのがコツ

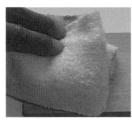

《写真3》塗り終わったら
ウェスで余分なステインを
拭き取る

《写真4》乾燥させたら、
クリア塗料を重ね塗りす
る

Step1　ステインを少し薄め、さっと何回か塗
ります（写真2）。

Step2　余分なステインはウェスで拭き取って
おきます（写真3）。

Step3　十分に乾燥させます。

Step4　乾燥したら、クリア塗料を何回か重ね
塗りします（写真4）。

第2章-9　アンプの製作に必要な計測器とその使いかた

　オーディオ工作で必要な測定器にはいろいろあ
りますが、初心者が必要なものとしてはテスター
が第一です。

　価格が安価なもので良いのでぜひ購入しておき
ましょう。

■2-9-1　必須測定器「テスター」

・デジタルマルチメーターがお勧め

　昔はアナログテスター（写真1）が主流でした
が、新しく購入されるときはデジタルマルチメー
ター（写真2）をおすすめします。

　交流電圧、直流電圧、直流電流、抵抗値などが

《写真1》アナログテス
ター

《写真2》デジタルマルチ
メーター（DMM）

計測できます。コンデンサの容量が計測できる機能があればなお便利です。

アナログテスターは目盛りがいっぱいあって、読み違えることがありますが、デジタルマルチメーターはダイレクトに数字が表示されますので、読み取りミスを防げます。この本に掲載されているアンプの製作にはそんなに高級なものは必要ありません。数千円～1万円程度のもので十分です。

・テスターの使用にあたっての注意

アナログテスターでは特に注意が必要ですが、最新のデジタルマルチメーターでも使用の際に注意が必要なことがあります。

それは、測定レンジや測定リードジャック位置を誤らないということです。例えば、電流測定レンジで電圧を測ろうとすると、回路をショートすることになり、最悪、テスターが焼損、測定しようとした機器にもダメージを与える可能性があります（写真3）。

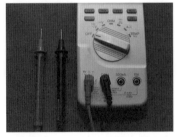
《写真3》レンジの選択を誤らないように

また、電圧や電流など測定対象があっていても、測ろうとする対象の電圧や電流の程度がどのくらいなのか不明な場合は、高めの余裕のあるレンジで測り、大体の値が判ってから、測定レンジを絞り込むようにしてください。

さらに、真空管アンプ回路のB電圧のように、高圧となっている部分の測定では、測定中、回路に触れることの無いように、テスター棒にビニールテープを巻いたり、ミノムシクリップなどを利用したりして、安全対策をとってください。

詳細な使いかたは購入の際、付属している説明書に従ってください。

■2-9-2　〈あれば便利なもの〉測定器

・オシロスコープ

オシロスコープ（写真4）はアンプなどの出力波形を観測するためのものです。一昔前は、非常に高価なもので、趣味のために購入して使用する人は一部のマニアだけでした。現在ではオーディオ用に使えるものは、価格が非常にさがり、初心者でも入手できます。また、PCにハイレゾ対応音源があれば、PCをオシロスコープとして使えるソフトも存在します。ただ、波形はオシロスコープだけでなく、シグナルジェネレータなどと組み合わせないと、調整に必要な波形は得られません。自分で一からアンプを設計する場合以外、揃える必要はないでしょう。

《写真4》オシロスコープ。中国製の安価なものでもオーディオ用では十分

・オーディオアナライザー

オーディオアナライザー（写真5）は、アンプなどの諸特性を自動的に測定してくれる便利な測定器です。例えば、周波数特性、歪率、出力などです。写真5は目黒製の初期のもので、歪率やS/N比、出力電圧などを簡単に測れるものです。これは初期のものなので、測定には外付のシグナルジェネレータなどが必要です。

現在でも非常に高価な測定器ですので、個人で新品のものを購入するのは難しいので、リースバック品などの中古品を購入して使うことになります。これも、回路設計を含めた自作を行うときにあると便利ということで、初心者には必要はありません。

《写真5》初期のオーディオアナライザー。この機械では、歪率やS/N比、信号電圧を測定できる

第3章

オーディオパーツの種類と選びかた

　料理の味は、素材でほとんど決まってしまいます。いくら腕の良い料理人でも素料が劣悪では、おいしい料理は作りにくいものです。もちろん、状態の悪い素材をテクニックでカバーしておいしく仕上げることもできます。しかし、素材がよいものが良いに決まっています。ここでは、手造りオーディオのための素材の見極める基礎知識として使用するパーツを中心に紹介します。

第3章-1 抵抗器

　リード型抵抗器（DIP部品）について紹介します。リード線のないチップ抵抗は手作りオーディオでは使用する機会が少ないので割愛します。

■3-1-1　抵抗の種類

　使用される素材によって大きく2種類に分類されます。

・カーボン（炭素皮膜）抵抗

　おおまかな見分け方としてカーボン抵抗（**写真1**上）は、抵抗体がベージュ色に近い色をしているものが多く、金属皮膜抵抗は、抵抗体が青や緑っぽい色に塗られています。また、金属皮膜抵抗は、高精度のものが多く、カラーの帯が5本になっているものが多いです。カーボン抵抗の場合は、4本帯のものが一般的です。

　カーボン抵抗は炭素（カーボン）を焼結したものが素材になっています。電子工作の雑誌では「安価で一般的」などと記載されていますが、ソフトな音質が得られますので「オーディオ用」として高級・高価なものもあります。

　オーディオ用はカーボン抵抗の弱点である湿度に対して対策されているだけでなく、リード線を含むすべての素材を非磁性体にするなど音質に配慮されています。オーディオ用途で使用するときは「オーディオ用」と明記されているものをおすすめします。

・金属皮膜抵抗

　金属皮膜抵抗は（**写真1**下）NiCr（ニッケルクロム）系の抵抗体を蒸着したものが素材になっています。

　精度の高いものが安価に揃っていますので、電子工作ではおなじみです。

　リード線を含むすべての素材を非磁性体にしたオーディオ用もあります。カーボンと比べてシャッキリ系の音になると言われていますので、お好みで選ぶとよいでしょう。

・抵抗の大きさ

　定格電力によって大きさが異なります。**写真2**

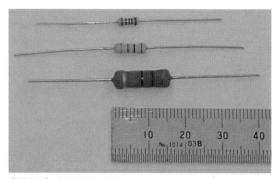

《写真1》リード型の抵抗器、上：カーボン抵抗、下

《写真2》抵抗の大きさ。上：1/4W、中：1W、下：3W

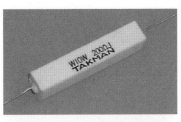

《写真3》セメント型抵抗

《写真4》メタルクラッド型抵抗

の上から「1/4W」、「1W」、「3W」型です。手作りオーディオではこのサイズが中心になりますが、もう少し定格電力の大きなものを使用することもあります。

　写真3はセメント型抵抗で5W〜10Wくらい、写真4はメタルクラッド型抵抗と呼ばれていて、10W〜50Wくらいまでのものがあります。

　真空管アンプの出力管のカソード抵抗などに使用します。

■3-1-2　カラーコードの読みかた

　メーカーによっては、抵抗値を印刷しているものもありますが、大抵は「カラーコード」と呼ばれる色のついた線で表示されます。その読みかたを第1図に示します。

　なお、巻頭のカラーページ（8ページ）でもカラーコードの読みかたを説明していますので合わせてご覧ください。基板を製作しながら覚えて、慣れていきましょう。

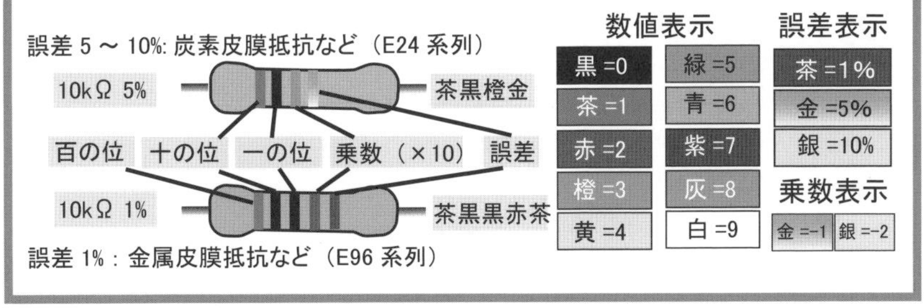

第3章-2　コンデンサ

　抵抗と違って、コンデンサにはいろいろ種類があります。手作りオーディオで使われるものを中心に紹介します。

■3-2-1　コンデンサの種類と選びかた

　コンデンサはアンプの音質に大きな影響を与える部品ですので、適材適所で選びましょう。種類によって、使える部分が異なります。ここではオーディオ用途のものに絞って紹介しています。

・フィルムコンデンサ

　フィルムコンデンサ（写真5）はプラスチックフィルムを誘電体として使用しているコンデンサです。

《写真5》左：ポリエステルフィルムコンデンサ、右：ポリプロピレンフィルムコンデンサ

　オーディオ用として一般的なものを示します。

　入力段のカップリングコンデンサなどに使用します。高音質を狙うオーディオアンプには少々高価ですがポリプロピレンフィルムコンデンサ（写真5右）をおすすめします。ソフトでワイドレンジな音になります。

　ポリエステルフィルムコンデンサはポリプロピレンフィルムコンデンサと比較すると少し詰まった音になりがちですが、メーカーによっても音が異なりますので自分で試して気に入ったものを見つけられると良いでしょう。

・セラミックコンデンサ

　セラミックコンデンサ（写真6）は、いずれも高周波用のコンデンサで、電子工作などではおなじみです。

　オーディオアンプの本体回路に使用することは稀です。しかし、AC電源などの回路では、電源

《第1図》抵抗のカラーコードの読みかた

	数値表示		誤差表示
	黒 =0	緑 =5	茶 =1%
	茶 =1	青 =6	金 =5%
	赤 =2	紫 =7	銀 =10%
	橙 =3	灰 =8	乗数表示
	黄 =4	白 =9	金 =−1　銀 =−2

誤差5〜10%：炭素皮膜抵抗など（E24系列）

10kΩ 5%　　　　　　　　　　　茶黒橙金

百の位　十の位　一の位　乗数（×10）　誤差

10kΩ 1%　　　　　　　　　　　茶黒黒赤茶

誤差1%：金属皮膜抵抗など（E96系列）

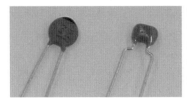

《写真6》左：セラミックコンデンサ、右：積層セラミックコンデンサ

ノイズ軽減用に使われることもあります。

・ディップマイカコンデンサ

　ディップマイカコンデンサ（**写真7**）は発振防止や位相補正用として使用します。セラミックコンデンサや積層セラミックコンデンサよりも音質的にすぐれていますので、オーディオアンプではこちらがよく使われます。

《写真7》ディップマイカコンデンサ

・電解コンデンサ

　電解コンデンサ（**写真8**）は「電解質」という液体を誘電体に使用しているコンデンサです。

　固体電解質を使用しているものもありますが、電解コンデンサといえば湿式アルミ電解コンデンサが一般的です。

　電源回路の平滑コンデンサやデカップリングコンデンサとして使用されます。一般用を使用してもよいのですが、音質を重視するならオーディオ用と謳われているものをおすすめします。

　リード線に非磁性体の銅線を使用するなど音質に配慮されています。

　電解コンデンサにはプラス、マイナスの極性があります。リード線の長い方がプラス（+）にな

《写真8》電解コンデンサ。左：一般用、中：オーディオ用、右：バイポーラ（両極性）

ります。また、コンデンサ本体のマイナス側には白や黒で帯が印刷されています。

　バイポーラ（BP）型はその名の通り極性がありません。フィルムコンデンサのように音声信号が通る回路などに使用されます。

　その他のコンデンサとして「タンタルコンデンサ」や「スーパーキャパシタ」などがありますがオーディオ用途ではありませんので、ここでは割愛します。

■3-2-2 コンデンサの表記換算表

・コンデンサの容量表記

　コンデンサの容量をそのまま表記（印刷）しているものもありますが、3桁の数字で記載されているものもあります。

　そのときは、**第1表**の換算表を参照してください。例えば「104」と記載されていれば「0.1μF」になります。

　なお、100pF以下のコンデンサはオーディオ用で使われることは、あまりありません。

《第1表》コンデンサ容量表記の換算

表記	μF値	pF値
100	0.00001	10
101	0.0001	100
102	0.001	1000
103	0.01	10000
104	0.1	100000
105	1	1000000
106	10	10000000

●表記ルールと例

YY<u>Z</u>　X

　数字の1桁目(Z)はゼロの個数を示す。例えば、472と表記されていたら、
4700（ゼロ二つ）pF=0.0047μF
となる。なお、二桁以下の表記はそのままpFで読む。英字のX部分は誤差を示し、以下のルールとなっている。

M=±20%　　K=±10%　　J=±5%

第3章-3 半導体部品

・トランジスタ（写真9）

　ひと昔前まではトランジスタが半導体アンプの主役を務めていましたが、昨今ではオペアンプにその座を譲ってしまいました。この本の後半の製作事例もすべてオペアンプを使用しています。ただし、アンプ用としては使わないものの、電源回路では、電流の制御用に用いられていますので、簡単に紹介しておきます。

《写真9》
トランジスタ。左：2SA1015（PNP型）、右：2SC1815（NPN型）

・FET（電界効果トランジスタ）（写真10）

　これもトランジスタとおなじく、アンプ用としては、オペアンプに取って代わられてしまいましたので、簡単な紹介にとどめます。

《写真10》
FET。左：2SK170(Nチャンネル型)、右：2SJ74(Pチャンネル型)

・パワートランジスタおよびパワーFET（写真11）

　これらはパワーアンプの電力増幅段に使用され

《写真11》
パワーFET。左：2SK2467(Nチャンネル型)、右：2SJ440（Pチャンネル型)

ていましたが、昨今ではパワーICに取って代わられましたので購入できる品種も激減してきました。ということでこれも簡単な紹介にとどめます。

　本書ではパワーFETを電源のリップルフィルターに採用した例を掲載しています。

・ダイオード

　ダイオード（写真12）は交流を直流に変換する整流用として使用します。

　ダイオードには「一般整流用」、「ファーストリカバリー型」、「ショットキーバリア型」などがありますが、オーディオ用としてはいちばんノイズが少ないショットキーバリア型をおすすめします。

　耐電圧、耐電流ごとにいろいろ種類がありますので余裕をもった定格のものを選んでください。

　一般的には使用する電圧、電流の3倍くらいの余裕をもって選びます。ダイオードには極性があります。一般的に白い帯のほうが「カソード」（マイナス）になります。

　なお、複数のダイオードを組み合わせたダイオードブリッジという部品もあります。ダイオードブリッジ1個で全波整流ができ便利です。

《写真12》ダイオード（整流用）

・オペアンプ

　昨今ではトランジスタやFETを使わずにオペアンプ（写真13左）で電圧増幅させるのが主流になってきました。少ない外付けパーツで高性能＆高音質なアンプをカンタンに製作できるようになりました。本書でも後半でいろいろアンプを紹介していますが、パワーアンプ以外すべてオペ

《写真13》
代表的なオペアンプ。左：オペアンプ、右：ソケット

アンプを使用しています。

代表的なオペアンプの外観とソケットを写真13に示します。

オペアンプというのはオペレーショナルアンプの略で、日本語では演算増幅器と呼ばれています。元々はアナログコンピューター用として開発されたものですが、中身は高性能なアンプICそのものですので、昨今ではレコーディング機器のようなプロユースからアマチュア用のオーディオ機器まで幅広く採用されています。

素材や製造方法によって1個50円から5,000円以上までいろいろなものが各社から販売されています。

「8ピンのディップパッケージ」は共通なのでソケットを使用すれば自由に差し替えてそれぞれの音の違いを楽しむことができます。

現在はアンプが2回路入った「デュアルタイプ」が主流ですが、ひと昔前の1回路しか入っていない「シングルタイプ」もあります。「デュアルタイプ」と「シングルタイプ」は互換性がありませんので、差し替えはできません。注意してください。

・パワーIC

パワートランジスタやパワーFETに代わって、昨今のパワーアンプはパワーIC（**写真14**）を使用するのが主流になってきました。

アンプを構成するパーツのほとんどがこの小さなパッケージの中に入っています。少ない外付けパーツで高性能＆高音質のパワーアンプを手軽に製作できるようになりました。

この本の後半で紹介しているパワーアンプもすべてパワーICを使用しています。

第3章-4 機構部品と配線材

・ボリューム

ボリュームとは音量調整用に使用する可変抵抗器（**写真15**）のことです。

オーディオ用は音質に配慮されているのはもちろんですが、2連タイプは2個のボリュームの抵抗値誤差（ギャングエラー）が少なくなるように作られています。

オーディオアンプにはオーディオ用もしくは通信・計測用（通測用）を選ばれることをおすすめします。

Aカーブ、Bカーブ、Cカーブがありますが、オーディオアンプには人間の聴感にあわせて作られている「Aカーブ」を選びます。

シャフトの形状は丸軸（**写真16左**）とローレット（**写真16右**）があります。

どちらを選んでも結構ですが、ツマミはそれぞれの形状に対応するものを選ぶ必要があります。

・ツマミ（**写真17**）

金属製とプラスチック製（**写真17**）があり、デザインもサイズもいろんなものが揃っています。ケースに合わせてお好みのデザインのものを選ぶとよいでしょう。

《写真15》ボリューム。左：一般用、中：オーディオ用、右：通信・計測用

《写真16》可変抵抗器の軸。左：丸軸、右：ローレット

《写真14》アナログパワーIC。左：アナログパワーIC「TDA7294」、右：アナログパワーIC「TDA1554Q」

《写真17》ツマミ、左：丸軸用、右：ローレット用

・RCAジャック

　RCAジャック（**写真18**）は、入出力端子として使用します。オーディオ用は真鍮を削り出して金メッキされたものが主流です（**写真18右**）。

　頑丈で信頼性があるのでオーディオアンプにはこのタイプをおすすめします。

《写真18》RCAジャック。左：一般電子工作用、右：オーディオ用

・スピーカターミナル

　スピーカターミナル（**写真19**）はアンプの出力端子として使用します。オーディオ用は真鍮を削り出して金メッキされたものが主流です。頑丈で信頼性があるのでオーディオアンプにはこのタイプをおすすめします。バナナプラグ対応になっていますのでスピーカーケーブルの脱着が簡単に行えます。

《写真19》スピーカターミナル。左：一般電子工作用、中：オーディオ用、右：バナナプラグ

・ネジ端子

　ネジ端子（**写真20**）はユニバーサル基板を使用してアンプ基板を製作するときに使用します。

　ネジで電線を脱着できますので配線作業がラクになります。

・ACジャック

　ACジャック（**写真21**）はACインレットと

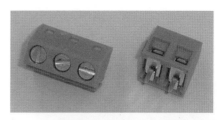

《写真20》ネジ端子

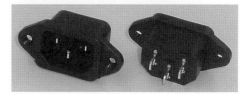

《写真21》ACジャック（インレット）

も呼ばれています。電源ケーブルが取り外し（交換）できるので、ケーブルによる音質変化も楽しめます。

・ヒューズホルダ

　ヒューズホルダは**写真22**のようにアンプのリアパネルに取り付けて使用するものが一般的です。これは外部から簡単にヒューズの交換ができるので便利です。この他に基板に直接ハンダ付けするタイプやケーブルの中間に入れるタイプもあります。本書では、外から交換できるタイプを使用しています。

《写真22》ヒューズホルダ（パネル取付用）

・ヒューズ（**写真23**）

　過電流による事故を防止するために必ずヒューズを使用しなければなりません。オーディオアンプの世界では、**写真23**のようにガラス管で保護されたガラス管ヒューズを用います。

　写真23のように2種類のサイズがありますのでヒューズホルダも、そのサイズに合ったものを選ぶ必要があります。

　手作りオーディオの世界ではミニサイズ（ミ

《写真23》ヒューズ（ガラス管）。左：標準サイズ、右：ミニサイズ（ミゼット）

ゼットタイプ）が主流になっています。

・電源スイッチ

　オーディオアンプ用の電源スイッチ（**写真24**）としてはこの2種類が一般的です。許容電圧、許容電流に余裕をもったものを選びましょう。

　いろいろなデザインのものが揃っていますのでケースに合わせてお好みのものを選ぶことができ

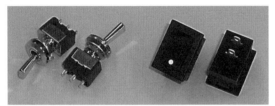

《写真24》スイッチ。左：トグルスイッチ、右：波動スイッチ

ます。

・LED（発光ダイオード）（**写真25**）

　フロントパネルに単体LED（**写真25左**）を取り付けることもできますが、一般的にはブラケットLED（**写真25右**）が多く使用されています。これまたいろいろなデザインや色のものが揃っていますのでケースに合わせてお好みで選ぶことができます。

　電流制限用の抵抗が内蔵されていないものが多いので5k〜10kΩくらいの抵抗を直列に接続する必要があります。詳細は後半の製作記事をごら

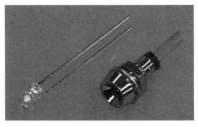

《写真25》LED。左：単体LED、右：ブラケット入りLED

んください。なお、LEDは半導体部品ですが、オーディオでは主に電源ランプとして使用するため、機構部品として掲載しました。

・LED内蔵電源スイッチ

　LEDを内蔵した電源スイッチ（**写真26**）です。フロントパネルをスッキリとまとめることができます。これもサイズや色が豊富に揃っていますのでお好みのデザインのものを選ぶことができます。

　このタイプは電流制限用の抵抗が内蔵されているものがほとんどです。

《写真26》LED内蔵電源スイッチ。左：プッシュスイッチ型、右：波動スイッチ型

《写真27》ユニバーサル基板。左：サンハヤト「ICB-288」 72mm×47mm、右：サンハヤト「ICB-293」 95mm×72mm

・ユニバーサル基板

　本書の後半で紹介している製作例で使用しているユニバーサル基板です（**写真27**）。いろいろなサイズや材質が揃っていますのでお好みで選ぶことができます。

　手作りオーディオでは「ガラスエポキシ」よりも「ベークライト」のほうが音質的に好まれているようです。大量生産にはプリント基板が適していますが、自分専用の1台を作るだけならユニバーサル基板で充分だと思います。

・真空管ソケット（**写真28**）

《写真28》真空管ソケット。左：ST管用4P、中：GT管用8P、右：mt管用9P（これらソケットはすべてステアタイト製です）

真空管ソケット（**写真28**）は真空管アンプを製作するときに使用します。mt管用は**写真28右**のほかに7P（ピン）のものもあります。この本の後半の製作例ではmt管用9Pの基板取り付けタイプのものを使用しています。

ベークライト製、モールド製、ステアタイト（白色の陶器）製がありますが信頼性からステアタイト製をおすすめします。（**写真28**）のものはすべてステアタイト製です。

・ビニール電線

ビニール線（**写真29**）は内部配線材として使用します。AC100Vの電源まわりはAWG18くらい、基板間の配線にはAWG22くらいの太さが適当ではないかと思います。さまざまな色のビニール線がありますが、

・AC100Vまわりの配線：黄色
・DC（＋）まわり、Rチャンネルの配線：赤色
・DC（－）まわりの配線：青色
・Lチャンネルの配線：白色
・グランド（アース）まわりの配線：黒色

という色分けにするのが一般的です。こうすると、配線後のチェックもしやすいと思います。

電線の太さはAWG（American Wire Gauge）とJIS（日本工業規格）で表示が異なりますので互換表を**第２表**に示します。

・スズメッキ（銅）線（写真30）

《写真29》ビニール線

《第２表》AWGとsq（mm²）（JIS）との換算表

AWG	断面積（mm²）	sq（JIS）対応サイズ
AWG30	0.0507	0.05sq
AWG28	0.0804	0.08sq
AWG26	0.128	0.12sq
AWG24	0.205	0.2sq
AWG22	0.324	0.3sq
AWG20	0.519	0.5sq
AWG18	0.823	0.75sq
AWG16	1.31	1.25sq
AWG14	2.08	2sq
AWG12	3.31	3.5sq

※JISでは断面積（mm²）で表しますので「Sq」（Square）と表示されています。

スズメッキ線（**写真30**）はユニバーサル基板の配線に使用します。0.4～0.5mmの太さのものが使いやすいと思います。

《写真30》スズメッキ（銅）線

・シールド線

シールド線（**写真31**）はアンプの入力まわりの配線に使用します。RCAジャックからボリューム、基板の入力端子間のそれぞれの距離が5cm以下ならビニール電線で配線してもよいのですが、それ以上の距離になるとノイズを拾いますので、シールド線を使用してノイズを防ぎます。

芯線のまわりが編線で覆われた構造になっていて、この網線をグランド（アース）と同電位にすることにより、外来ノイズを防ぎます。外径3mmくらいのものが使いやすいと思います。

《写真31》シールド線

IC で簡単高性能 パワーアンプを作る

●予算／2,600円（アンプ基板のみ　電源＆ケース含まず）

　本書は、オーディオ機器を料理のように、本書のレシピの通りにするだけで、誰でも簡単に高性能な（おいしい）ものを作れることを目的としています。第4章では、IC を使ったシンプルなパワーアンプ（写真 1、2）を作ります。

　シンプルな回路ですから、素材（部品）のよしあしが、直接、味（音に）に響いてくる点は、日本料理のようです。パワー IC からコンデンサまで良質な素材を厳選しました。

《写真 1》完成した基板

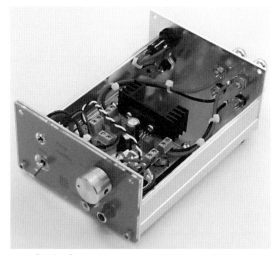

《写真 2》アルミケースに組み込んだ製作例

第4章-1 ICパワーアンプ

　オランダのフィリップス社が開発したアナログパワー IC「TDA1554Q」をつかったパワーアンプです。

　CD プレーヤなどのライン出力やスマホなどのヘッドホン出力をスピーカが鳴らせるまで増幅（大きく）します。

　「TDA1552Q」という兄弟 IC が有名ですが出力も性能もそんなに変わりはありません。

　どちらも IC の中に 4 台のアンプが内蔵されていて、「BTL」という接続で 2 チャンネルステレオ（R チャンネルと L チャンネル）専用にしたものが「TDA1552Q」

　自分で接続を選んで「BTL」にも 4 台別々（4 チャンネル）でも使えるようにしたのが「TDA1554Q」です。

　ユニバーサル基板での「配線のしやすさ」から今回は「TDA1554Q」を選びました。

　ベテランマニアにも愛用者が多く、音の良さに

は定評のある IC です。

2台のアンプを束ねて高出力をひねりだす「BTL」接続で使用します。

DC12V の電源電圧でインピーダンス8Ωのスピーカをつないだときに実用最大出力 5W+5W が得られます。家庭で音楽鑑賞するには十分だと思います。

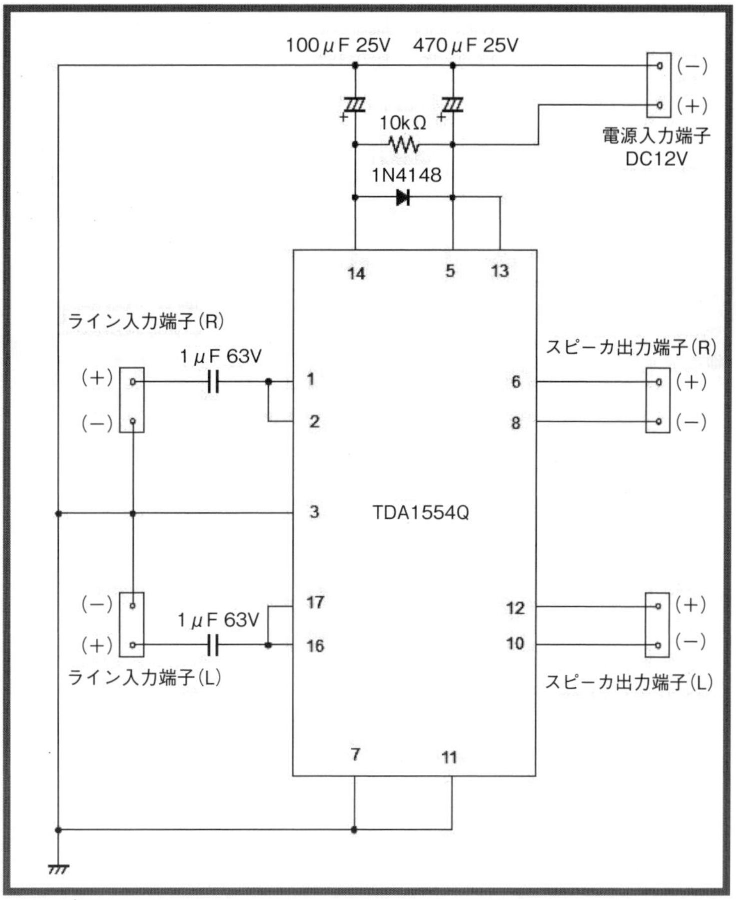

第4章-2 必要な工具

このアンプを組み立てるのに使う工具は以下のようなものです。
・ハンダごて(20～30W くらい)
・ニッパー
・ラジオペンチ
・ピンセット
・ドライバー（＋－）
放熱器を加工するときは：
・電動ドリル
・ドリルビット（2.5mm）
・タップ（M3）
・タップハンドル

《第1図》回路

第4章-3 材料（パーツリスト）

このアンプの製作に必要なパーツは第1表のとおりです。以下部品について簡単に述べます。

電解コンデンサ：耐圧 25V 以上ならオーディオ用でなくても OK です。容量はできるだけ近い値にしてください。

フィルムコンデンサ：「ポリエステルフィルム」もしくは「ポリプロピレンフィルム」を選んでください。容量はできるだけ近い値にしてください。積層セラミックなどは音質的に避けたほうが良いでしょう。

抵抗：金属皮膜でもカーボンでも OK です。

《第1表》パーツリスト

	部品名		型番	数量	参考価格（単価）	取扱店
1	ユニバーサル基板		ICB-88	1	110 円	
	パワー IC パーツセット		WP-SET1554	1	1,320 円	
2		パワー IC　TDA1554Q		(1)		
		放熱器		(1)		
		クールシート		(1)		共立電子
		放熱器取付ネジ		(2)		
3	電解コンデンサ　　　470μ25V		UFW1E471MPD	1	70 円	
4	電解コンデンサ　　　100μF25V		UFW1E101MED	1	58 円	
5	フィルムコンデンサ　1μF63V		MKS2-1.0/63/5	2	133 円	
6	ダイオード		1N4148	1	11 円	
7	金属皮膜抵抗　10kΩ 1/4W（茶黒黒赤茶）		MF114WT52 10kΩ	1	16 円	
8	ネジ端子　2P		XW4E-02C1-V1	5	94 円	
9	スズメッキ線　0.5mm × 10m		TCW0.5 L-10	1	272 円	

※表中の単価は、原稿を作成している時点のもので、時期やショップによって異なります。

ネジ端子：使用せずに、入出力端子との配線材（電線）を直接基板にハンダづけしても OK です。

パワー IC：パワー IC が国内では入手困難になってきました。

　というわけで、パワー IC と放熱器をセットにしたものを用意させていただきました。

第4章 -4 つくりかた

❶「ユニバーサル基板」にパーツを取り付けます

　パーツの取り付け位置は**写真3**を参考にしてください。

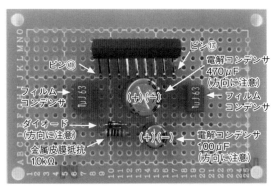

《写真3》基板　表面

❶−1　パワー IC を取り付けます

《写真4》IC 取り付け -1

　パワー IC はそのままでは基板の穴とピッチが合いません。**写真3**にあわせて、まず「前方のピン」を軽く挿し込みます。

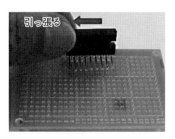

《写真5》IC 取り付け -2

　パワー IC を「左」方向に引っ張りながら「後方のピン」を基板の穴に合わせます（**写真5**）。

《写真6》IC 取り付け -3

　ピンの根元まで基板にしっかり挿し込みます（**写真6**）。

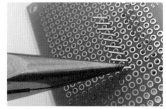

《写真7》IC 取り付け -4

　基板の裏から、ラジオペンチで IC のピンを引っ張りながら、抜け落ちないように曲げておきます（**写真7**）。

❶−2　パワー IC 以外のパーツを取り付けます

　「電解コンデンサ」と「ダイオード」には極性がありますので取り付け方向に注意してください（**写真8、9**）。

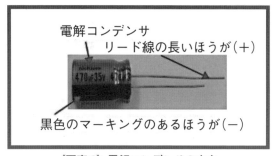

《写真8》電解コンデンサの方向

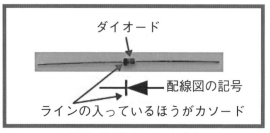

《写真9》ダイオードの方向

❶-3　パーツが落ちないように基板の裏側で各パーツのリード線を曲げておきます（写真 10）。

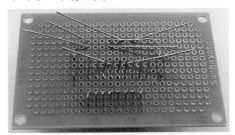

《写真 10》リード線を曲げておく

❶-4　リード線をハンダづけをします（写真 11）。

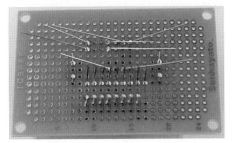

《写真 11》リード線のハンダづけ

❶-5　リード線をすべてカットします（写真 12）。

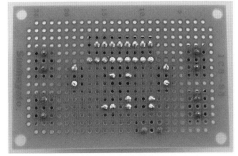

《写真 12》リード線をカット

❶-6　「ネジ端子」5 個を写真 13 の位置に取り付けます。

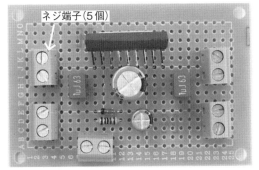

《写真 13》ネジ端子の取り付け位置

ちょっと解説

「ネジ端子」のハンダづけのしかた

　「ネジ端子」を手で押さえながら、2 本の足の片方だけを落ちない程度に軽くハンダづけ（チョンづけ）します。その後、基板を作業台の上に置いて、もう片方の足から順にしっかりとハンダづけします（写真 14）。

《写真 14》ネジ端子のハンダづけ

❷基板「裏面」の配線をします

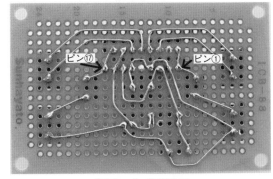

《写真 15》基板裏面

　0.5mm の「スズメッキ線」で写真のように配線します（写真 15）。パワー IC のピン間隔は狭いので、となりとショートしないように注意します。

ちょっと解説

ユニバーサル基板の配線テクニック

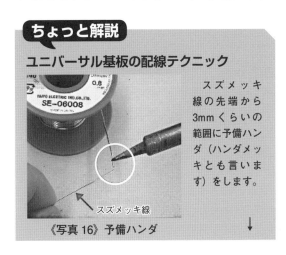

　スズメッキ線の先端から 3mm くらいの範囲に予備ハンダ（ハンダメッキとも言います）をします。

《写真 16》予備ハンダ

配線の「起点」となるところにハンダづけします（写真17）。

《写真17》起点にハンダづけ

次にハンダづけするところに距離を合わせてスズメッキ線に予備ハンダをします（写真18）。

《写真18》次の予備ハンダ

ピンセット

《写真19》次のハンダづけ

スズメッキ線をピンセットで挟んでハンダづけします。以下この作業を繰り返して配線をすすめていきます（写真19）。

❸ 「放熱器」を取り付けます

クールシート

《写真20》クールシートを置く

❸−1 「パワーIC」の上に「クールシート」を置きます（写真20）。

プラスドライバ

《写真21》放熱器ネジ止め

❸−2 「放熱器」をネジ止めします

片側のネジだけを締め付けずに、2本のネジを交互に締めてパワーICと放熱器がピッタリと密着するようにします（写真21）。

これでアンプ基板が完成しました。

第4章−5 入出力端子やボリュームとの配線例

完成したアンプ基板と周辺パーツを配線したら動作させることができます（第3図）。

お好みのケースに組み込んだら世界にひとつ、オリジナルアンプの完成です。

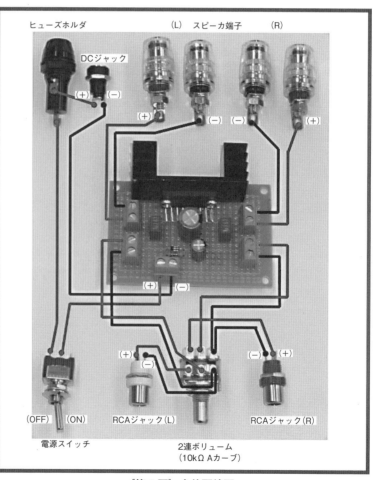

ヒューズホルダ　　　（L）スピーカ端子（R）

DCジャック

(+) (−)

(+)　　　(−)【−)　　　(+)

(+) (−)

(+)　(−)　　　　　(−)(+)

(OFF) (ON)　RCAジャック(L)　　　RCAジャック(R)

電源スイッチ　　　　2連ボリューム
　　　　　　　　　　（10kΩ Aカーブ）

《第3図》全体配線図

第4章-6　この基板を使用したアンプの製作例

アルミケースに組み込んだ例

　全体配線図と同じパーツで製作したものです（写真 22 ～ 24）。

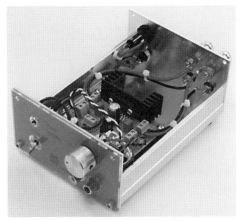

《写真 22》

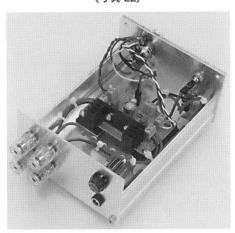

《写真 23》

《写真 24》

　基板に「LED」用の「ピン端子」を追加しています。

100 円ショップのアクリルケースに組み込んだ例

　2 連ボリュームも基板に組み込んでいます（写真 25）。

《写真 25》

100 円ショップのお弁当箱に組み込んだ例

《写真 26》

　身近にあるものをアンプに変身させるのも「手作り」の醍醐味ですね（写真 26）。

トランスを使った本格的な電源部を組み込んだ例（写真 27）

《写真 27》

第5章はこの電源基板のつくりかたを紹介させていただく予定です。

木板に取り付けるだけでもOK

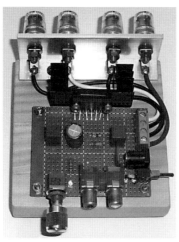

《写真28》木板に取り付けた例

写真28はRCAジャック、DCジャック、電源スイッチなどすべてのパーツを基板に組み込んだ応用例です。

第4章-7 主な仕様

このアンプの主な仕様は以下のようになります。
・電源電圧：DC10〜15V（推奨…DC12V 2AのACアダプタ）
・出力：2W+2W(8Ω)説明写真の小型放熱器の場合
　7W+7W（8Ω）大型放熱器の場合

第4章-8 実測特性

アナログICアンプらしく20Hz〜70kHzが−1dB以内に収まっています。

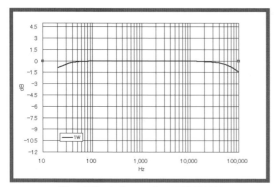

《第4図》出力1W時の周波数特性

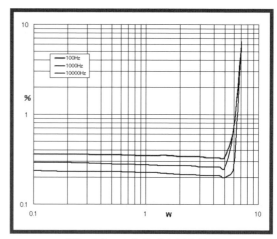

《第5図》8Ω負荷時の歪率特性

いま流行の「ハイレゾ対応」です。

5Wくらいまでは0.2%（1kHz）の歪率に収まっています。

音楽鑑賞にはこのあたりが実用最大出力といえます。

第4章-9 ちょっとアドバイス

放熱器について

アナログパワーICは発熱しますので必ず「放熱器」を取付けてください。

パワーICよりひとまわり以上大きな放熱器を選んでください。形状は問いません。

6畳程度の部屋で普通の音量で音楽を楽しむのであれば、この写真29のサイズの放熱器で問題ありません（2W+2Wくらいまでは大丈夫です）。

手で触れられないくらい熱くなるときは音量を下げるか写真のような大型放熱器に変更してください。

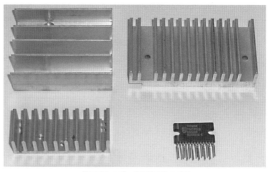

《写真29》放熱器の例

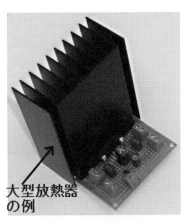

《写真30》放熱器の例

フルパワーで長時間使用するときや、特性計測するときは必ず大型放熱器を使用してください。

パワーICにぴったりのネジ穴があいている場合はいいのですが、そうでない時には

「M3」のネジを切る（タップを立てる）必要があります。

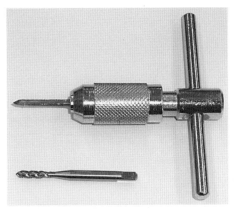

《写真31》タップとタップハンドル

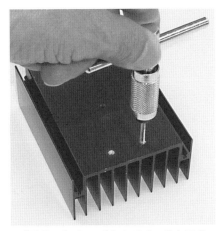

《写真32》タップを立てているところ

2.5mmのドリルで下穴をあけてから「M3」のタップでネジを切ります。

使用上の注意

本基板は片チャンネルあたり2台のパワーアンプが「BTL接続」されています。

スピーカ端子の（−）を電源の（−）と接続したり、シャーシーアースしないでください。

スピーカ以外とは接続しないでください。

パワーICが異常発熱したり発振することがあります。

第4章-10 本書のパーツリストに記載のパーツは

共立電子産業の直営店舗「シリコンハウス」、「デジット」および通信販売サイト「共立エレショップ」で購入できます。

共立エレショップのURL
http://eleshop.jp/shop/

ちょっと解説

BTL(Bridged Transformer Less) とは

BTLとは

2台のパワーアンプを互いに逆相で駆動し、それぞれの出力にスピーカを接続する方式。

出力素子がブリッジを組んだような形になり、出力が4倍になります。

電源電圧に制限のあるカーオーディオでよく使われます。

使用に当たってはいくつかの点に注意が必要です。

まず、スピーカ出力端子のマイナス側の電位が、電源のアース側に対して、0Vでないということです。このため、BTLアンプのスピーカ端子のマイナス側は通常アースに落とすことができません。つまり、3線式のステレオイヤホンなどでは使用できません。

第2に増幅素子とスピーカが直接接続されるため、負荷となるスピーカの規定インピーダンスを守ることはもちろんのこと、できれば、スピーカの直・並列接続は避けるほうが無難です。最悪、アンプが発振してスピーカやアンプ自体にダメージを与える場合があります。

第5章

パワーアンプ用
高音質DC電源

●予算／2,300円（電源基板のみ。トランス含まず）

電子機器の基本性能を決定するのが、この電源です。オーディオ装置でも、よい音を出そうと思ったら、電源の品質を上げることが第一です。電源は、料理でいえば、水やベースとなる出汁、スープに相当するものでしょう。いくら良い材料を使ったところで、悪い水やいい加減にとった出汁やスープではけっして、よい味にはなりません。そればかりか、正常に動作することすら怪しくなる場合もあります。

この電源は、DC12V仕様のアナログアンプやデジタルアンプに使用できます。

《写真1》前章で紹介したアンプ基板

第5章-1 高音質DC電源

本章で作るものは、パワーアンプ用の高音質電源基板です。前回取り上げた「TDA1554Q」（写真1）や「TDA1552Q」それらに負けず有名な「TA2020」など音質に定評のある「DC12V仕様のパワーIC」でアンプをつくったかたは、たくさんいると思いますが、ほとんどの方は小型のACアダプタを電源にしていると思います。

しかし、最初のうちは自作アンプの音質に満足していても、だんだん時間がたってくると、「もう少し音質をグレードアップできないものか」と思い始めます。

そんな方におすすめなのが電源のグレードアッ

プです。昔から「アンプの音は電源の音」と言われてきました。

安価なスイッチング式ACアダプタは原理上どうしてもスイッチングノイズ（数100kHzの高周波ノイズ）から逃れることができません。

「ザー」とか「ピー」とか直接「耳」に聞こえるノイズではないのですが、「音が硬い、冷たい、広がりがない」などの現象となって現れます。トランスを使った本格的なオーディオ電源に変更すればアンプの性能・音質をさらに引き出すことができるでしょう。

第5章-2 必要な工具

製作に必要な工具は以下のようなものです。

・ハンダごて（20〜30Wくらい）
・ニッパ
・ラジオペンチ
・ピンセット
・ドライバ（プラス・マイナス）

第5章-3 回路

回路を第1図に示します。

センタータップ付きのトランスをつかって、ダ

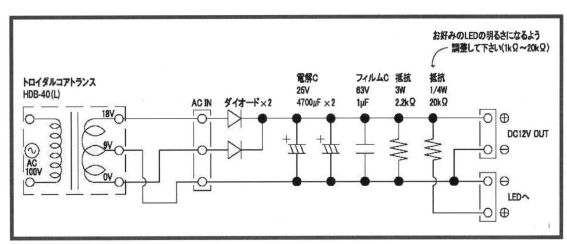

《第1図》オーディオ専用電源の回路

イオード2本で「全波整流」します。整流（交流を直流に変換すること）した後に残った交流成分（リップル）を4,700μFの電解コンデンサ2本で低減させます。この大容量電解コンデンサを「平滑コンデンサ」と呼んでいます。電解コンデンサは高域特性がよくないので、1μFのフィルムコンデンサを並列接続（パラ接続）して補正しています。

さらに、これらのコンデンサに並列接続されている2.2kΩの抵抗ですが、これを「ブリーダー抵抗」と呼んでいます。常時わずかな電流を流しておいて無負荷時の電圧を安定させるとともに、電源 OFF 時にすみやかに電圧を低下させる働きをします。

教科書には書かれていない「小ワザ」をきかせてオーディオ専用電源に仕上げています。

第5章-4 材料

製作に必要なパーツは、第1表のとおりです。

■材料集めのポイント

ダイオード：40V 2A 以上のものを選んでください。耐電圧はトランス2次側電圧の3倍以上、電流は消費電流の2倍以上をめやすにしてください。ノイズの少ない「ショットキーバリアダイオード」をおすすめします。

電解コンデンサ：ユニバーサル基板の穴径に合わせて4,700μFを2本並列接続して9,400μFにしています。

基板の穴径を拡大加工すれば10,000μFの大型コンデンサ1本で済ませることも可能です。

耐圧 25V 以上であればオーディオ用でなくても OK です。オーディオ用のコンデンサは音がソフトになる傾向があります。一般用のコンデンサはシャキッと硬めの音になる傾向があります。

自分の好みに合わせて選べるのも手作りオーディオの楽しみですね。

フィルムコンデンサ：「ポリエステルフィルムコンデンサ」もしくは「ポリプロピレンフィルムコンデンサ」を選んでください。積層セラミックな

《第1表》パーツリスト

	部品名		型番	数量	参考価格（単価）	取扱店
1	ショットキーバリアダイオード		20CQA04	2	55 円	
2	電解コンデンサ	4,700μF 25V	1EUTSJ472M0	2	629 円	
3	フィルムコンデンサ	1.0μF 63V	MKS2-1.0/63/5	1	133 円	
4	金属皮膜抵抗	2.2kΩ 3W		1	38 円	
5	金属皮膜抵抗	20kΩ（赤黒黒赤茶）1/4W	MF1/4WT52 20kΩ	1	16 円	共立電子
6	ユニバーサル基板		ICB-88	1	110 円	
7	ネジ端子 (2P)		XW4E-02C1-V1	2	94 円	
8	ネジ端子 (3P)		XW4E-03C1-V1	1	141 円	
9	スズメッキ線	0.5mm × 10m	TCW0.5 L-10	1	272 円	

※表中の単価は、原稿を作成している時点のもので、時期やショップによって異なります。

どは音質的に避けたほうが良いでしょう。

抵抗：金属皮膜を使ってください。大電流を流す場合、ノイズの面、信頼性の面から金属皮膜のほうが確実です。

第5章-5 つくりかた

Step1

　ダイオードのリード線を加工します。3mmくらいの太さのドリルビットにリード線を巻き付けて**写真2**のように加工します。

　ダイオードはリード線から放熱するため短く切らずに使用します。

Step2

　基板の表側からパーツを差し込みます（**写真3**）。「電解コンデンサ」および「ダイオード」には極性があります。電解コンデンサの極性の見わけかたを**写真4**に示します。また、ダイオードの極性の見分けかたを**写真5**に示します。

Step3

　基板の裏側でパーツのリード線を折り曲げて落ちないようにして（**写真6**）からハンダづけします。

Step4

　すべてのリード線を根元からカット（**写真7**）します。

Step5

　基板裏側の配線をします（**写真8**）。ユニバーサル基板の配線テクニックは前章をごらんください。

Step6

　トランスやアンプ基板との配線を行ないます（**写真9**）。

　アンプ基板の入出力端子への配線例は**第4章**をごらんください。

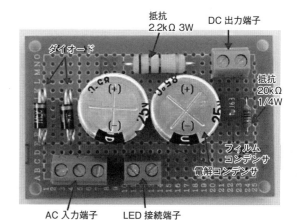

《写真3》基板「表側」のパーツレイアウト

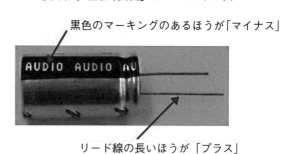

黒色のマーキングのあるほうが「マイナス」

リード線の長いほうが「プラス」

《写真4》電解コンデンサの極性

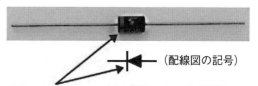

（配線図の記号）

白色のラインでマーキングされているほうが「カソード」

《写真5》ダイオードの極性

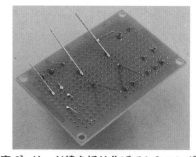

《写真6》リード線を折り曲げてからハンダづけ

第5章-6 トランスの選びかた

　この電源基板は「全波整流」回路を採用していますので「センタータップ付き」（**第2図**）もし

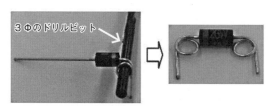

３Φのドリルビット

《写真2》ドリルビットにリード線を巻きつけます

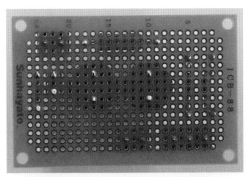

《写真7》リード線をカットします

くは「2巻線」（第3図）のトランスを選んでください。

交流をダイオードで整流すると電圧は約1.4倍になります。今回つくるのはDC12V仕様のアン

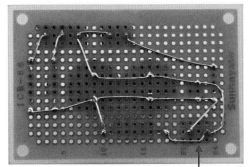

DC出力端子の位置

《写真8》基板「裏側」の配線をします

プ用電源ですから、逆算すればAC9Vのトランスを使用します。AC9Vという中途半端な電圧のトランスが市販されているのはこのためです。

第2図のようにセンタータップ付きトランスの2次側の電圧表記はメーカーによって異なりますが同じものです。（0V-9V-18V、9V-0V-9V）2巻線のトランスは端子②と端子③を接続すればセンタータップになります（第3図）。ちなみにトランス2次側には出力電圧と電流が表示されています。

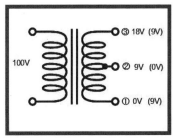

《第2図》センタータップ付きトランス

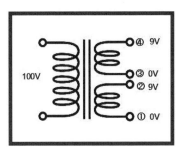

《第3図》2巻線トランス

整流後の電圧はさきほど述べた通りですが、整流後の電流（トランスから取り出せる電流）はどうなるでしょう。全波整流の場合はトランスに表示された電流の約90％になります。

この配線例で使用したトランスは2次側（出力側）が0-9-18V 2Aですので整流後の電圧はDC12V、取り出せる電流は1.8Aになります。（無負荷の場合の電圧は約13Vになります）

ただし、最大電流を取り出すときはダイオードの許容電流が4Aくらいのものに交換してください。

今回は各出力5W程度のパワーアンプを前提にしていますので、ユニバーサル基板の穴径に合うものということで

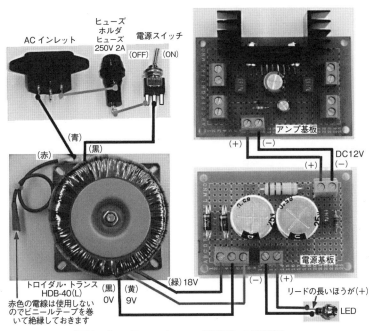

ACインレット

ヒューズ
ホルダ
ヒューズ
250V 2A
（OFF）　（ON）
電源スイッチ

（青）
（黒）

（赤）

アンプ基板

（+）　（−）

DC12V

（+）
（−）

トロイダル・トランス
HDB-40（L）
赤色の電線は使用しないのでビニールテープを巻いて絶縁しておきます

（黒）　（黄）　（緑）18V
0V　9V

電源基板

（−）　（+）

リードの長いほうが（+）

LED

《写真9》トランスやアンプ基板との配線例

40V　2A のダイオードを採用しています。

第5章 –7 この基板をつかった「電源ユニット」の製作例

　「Type106-190 アルミケース」に組み込んでみました。「高音質アナログ AC アダプタ」として DC12V 仕様のいろいろなパワーアンプに使用できます（写真 10 ～ 12）。

《写真 10》
電源ユニット
外観

《写真 11》
上部ケースを
外したところ

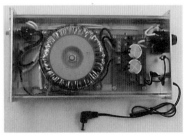

《写真 12》
電源ユニット
内部

第5章 –8 この基板をつかったアンプの製作例

　「底板」はホームセンターで購入した厚さ 15mm の「パイン（米松）集成材」を使用しました。

　茶色の「オイルステイン」で着色して「透明（クリア）のスプレー塗料」で仕上げています。

　「フロントパネル」と「リアパネル」は東急ハ

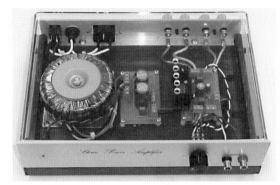

《写真 13》TDA1554Q アナログアンプと組み合わせた例

《写真 14》ななめ前から見たところ

《写真 15》ななめ後ろから見たところ

ンズで購入した「アルミ L アングル」を穴あけ加工しました。

　「アクリルカバー」は無印良品で購入した「仕切り棚（商品名）」を 50mm の高さにカットしたものです。木工用のゼットソーで板材と同じように切断できます。

　身近な素材をアンプケースに変身させることができますので、みなさんもいろんなアイデアをカタチにしてください。世界にひとつ、オリジナルのアンプを自作できます（写真 13 ～ 15）。

第6章

「フォノイコライザ」をつくってアナログレコードを聴く

●予算／**2,800円**（フォノイコライザ基板のみ）

　フォノイコライザは、アナログプレーヤを使うためには必須のアイテムです。最近は、プレーヤにこのフォノイコライザを内蔵したものも多いですが、音質を追求するのであれば、外付けのものが必要でしょう。フォノイコライザは、フラットアンプとは異なり、周波数により増幅度を変える必要があるため、少し複雑ですが、最新の半導体を使用すると、シンプルで音質の良いものを手軽につくれます。料理でいえば、手の込んだ伝統料理に欠かせない下ごしらえのレシピでしょうか。

第6章-1 LPレコードブーム

　ここ数年、LPレコードがブームになっているとのこと。数十年まえに生産を終了した大手レコードメーカーが再生産を始める…というニュースも飛び込んできました。
　というわけで、LPレコードを聴くための必須アイテムである「フォノイコライザ」をつくることにします（写真1）。

第6章-2 フォノイコライザとは

　フォノイコライザは、次の二つの役わりを持っています。

《写真1》フォノイコライザ基板

①カートリッジの出力電圧をラインレベルまで増幅します
　レコードプレーヤに装着されているカートリッジ（レコードに刻まれた音溝をダイヤモンドなどの針でなぞって電気信号に変換するパーツ）の出力電圧は約5mV程度です（一般的なMM（ムービングマグネット）型の場合）。それを200〜300mV程度の電圧（ラインレベル）まで増幅します。
②RIAA補正をします
　LPレコードは音を記録する溝の幅を一定にするための工夫として「低音を下げて」「高音を上げて」録音されています。そのため、カートリッジの出力をそのまま増幅すると高音が強調されたシャリシャリした音に聴こえます。周波数ごとの上げ下げの量はRIAA（米国レコード工業会）で規定されています（これをRIAAカーブと呼んでいます）。それに従った補正（イコライズ）をして周波数特性がフラットになるようにします。
　昔はレコードプレーヤのことをフォノグラフ（Phonograph）と呼んでいましたので、「フォノ」と「イコライズ」を合わせて「フォノイコライザ」と言うわけです。
　昨今のアンプはCDプレーヤやUSB-DACなどのラインレベルの入力電圧に対応するものがほと

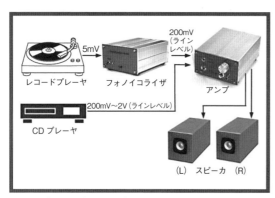

《第1図》オーディオ専用電源の回路図

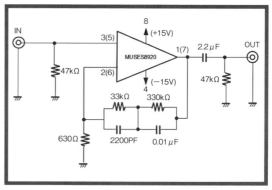

《第2図》フォノイコライザ回路（片チャンネル省略）

んどですので、レコードプレーヤを直接接続できません。

それで、レコードプレーヤとアンプの間にフォノイコライザを挿入してやればLPレコードを聴けるというわけです（第1図）。

第6章-3 製作に必要な工具

製作に必要な工具を以下に示します。

・ハンダゴテ（20～30Wくらい）
・ニッパー
・ラジオペンチ
・ピンセット

第6章-4 フォノイコライザの回路

回路は第2図のとおりです。また、OPアンプのピン配置は第3図のようになっています。

「8ピン・デュアルタイプ」のオペアンプを使います。負帰還（NFB）用の「抵抗」をRIAA補正用の「コンデンサと抵抗の組み合わせ」に変更したものです。

オペアンプ1個で2チャンネル（ステレオ）に対応します。

負帰還（NFB）回路でRIAA補正をしますので「NF型」と呼ばれています。

電源基板は、第10章で紹介する「レールスプリッター基板」を使用します。

これ以外でもオペアンプ用の±12～15Vを供給できる電源があれば使用できます。

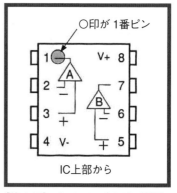

《第3図》オペアンプのピン配置

《第1表》パーツリスト

	部品名		型番	数量	参考価格（単価）	取扱店
1	オペアンプ		MUSES 8920	1	601 円	
2	金属皮膜抵抗	620Ω（青赤黒黒茶）1/4W	MF1/4WT52 620Ω	2	16 円	
3	〃	1kΩ（茶黒黒茶茶）1/4W	MF1/4T52 1kΩ	2	16 円	
4	〃	33kΩ（橙橙黒赤茶）1/4W	MF1/4WT52 33kΩ	2	16 円	
5	〃	47kΩ（黄紫黒赤茶）1/4W	MF1/4WT52 47kΩ	4	16 円	
6	〃	330kΩ（橙橙黒橙茶）1/4W	MF1/4WT52 330kΩ	2	16 円	共立電子
7	フィルムコンデンサ	2200P（222）100V	FKP2-2200/100/5	2	102 円	
8	〃	0.01μF（103）100V	FKP2-.01/100/2.5	2	148 円	
9	〃	2.2μF（225）63V	MKS2-2.2/63/5	2	270 円	
10	IC ソケット　8 ピン		GS031-0830G-K	1	26 円	
11	ユニバーサル基板		ICB-88	1	110 円	
12	ネジ端子（2P）		XW4E-02C1-V1	4	94 円	
13	ネジ端子（3P）		XW4E-03C1-V1	1	141 円	
14	スズメッキ線　0.5mm × 10m		TCW0.5 L-10	1	272 円	

※表中の単価は、原稿を作成している時点のもので、時期やショップによって異なります。

第6章-5 使用部品

使用部品は**第1表**のとおりです。部品の選び方を簡単に書いておきましょう。

オペアンプ：8ピン・デュアルタイプならほとんどのものが使用できます。微小信号を扱いますので「ローノイズ」タイプを選んでください。「4558」シリーズなら「4558DD」という具合です。最近登場したオペアンプはすべてローノイズですので問題なく使用できます。

好みの音質のものを選んでOKです。筆者はソフト＆クリアな音を求めて「JRC」の「MUSES 8920」を選びました。

抵抗：イコライザ素子の抵抗（33kΩと330kΩ）は誤差1%のものを選んでください。RIAAカーブに忠実な特性を得るためです。

筆者は1%誤差のものが安価で入手できる「金属皮膜」抵抗を採用しました。1%誤差の抵抗はカラーコードの表示が1本多くなり（5本）、読み方も異なりますので注意してください。いちばん右端の「茶色」が誤差1%を示しています（8ページを参照）。

コンデンサ：「ポリエステルフィルム」もしくは「ポリプロピレン」フィルムコンデンサを選んでください。イコライザ部のコンデンサ（2200Pと0.01μF）は誤差5%以下のものを選んでください。RIAAカーブに忠実な特性を得るためです。

筆者は音質にも定評のあるドイツ「WIMA」社のものを使用しました。

第6章-6 つくりかた

①基板の「表面」からパーツを差し込みます（写真2）。

抵抗とフィルムコンデンサには「極性」がありません。

ICソケットの方向にだけ注意してください（丸い凹みが1番ピン側）。

②基板の裏面でパーツのリード線を曲げてパーツが落ちないように（抜けないように）します。

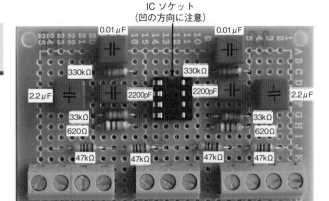

IC ソケット
（凹の方向に注意）

《写真2》基板「表面」のパーツレイアウト

《写真3》基板「裏面」の配線

《写真4》フォノイコライザ基板が完成

③すべてのリード線を基板裏面でハンダづけします。余分なリード線をニッパーでカットします。

④基板「裏面」の配線をします。0.5Φ（直径0.5mm）のスズメッキ線で配線します（写真3、4）。

※①〜④についての詳しい解説は第3章をごらんください。

第6章-7 入出力端子との配線

レコードプレーヤと接続する「入力端子」、アンプと接続する「出力端子」および電源とは**写真5**のように配線します。

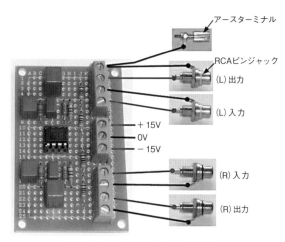

アースターミナル

RCAピンジャック

(L) 出力

(L) 入力

+ 15V
0V
− 15V

(R) 入力

(R) 出力

《写真5》入出力端子との配線図

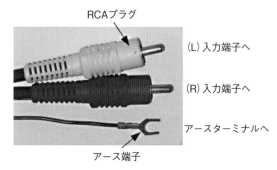

RCAプラグ

(L) 入力端子へ

(R) 入力端子へ

アースターミナルへ

アース端子

《写真6》レコードプレーヤの出力ケーブル

　入出力端子と基板との距離が5cm以下なら細めの「ビニール電線」2本をよじって配線します。

　5cmを超えるときはノイズ対策として「シールド線」を使用します。

　レコードプレーヤの出力ケーブル（**写真6**）には必ず「アース線」がついています。このアース線を接続するためのパーツが「アースターミナル」

です。

　アース線を接続しないと「ブーン」とか「ジー」というノイズが発生します。

第6章-8 RIAAカーブとの適合度

　周波数特性を計測してグラフにしてみました（**第4図**）。

　「RIAAカーブ」と「本機の周波数特性」を重ねて表示したものです。

　RIAAカーブとの誤差は1dB以内に収まっていますので実用上まったく問題ないことが確認できました。

　RIAA補正部のコンデンサの容量を微調整すればさらにRIAAカーブに近づけることも可能ですがそこまでしなくても…という感じです。

　ちなみに、1kHzのゲイン（利得）は58倍（35dB）でした。

第6章-9 製作事例

　フォノイコライザは微小信号を扱うので外部ノイズ対策が必要です。そのため、共立電子で販売している小型のアルミケース（Type106-140）に組み込んでみました（**写真7**）。

　金属ケースは外部ノイズをシールド（遮蔽）する効果があります。

　電源は、**第10章**で製作する「レールスプリッタ電源ユニット」を組み合わせました（**写真8**）。

　電源の接続には「XLRコネクタ」（**写真9**）を

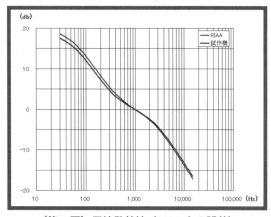

《第4図》周波数特性（RIAAとの誤差）

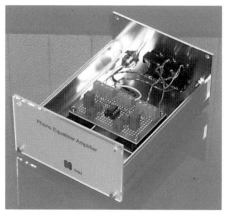

《写真7》アルミケースに組み込んだ製作事例

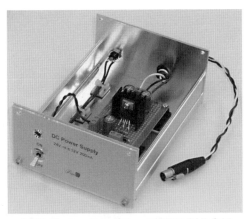

《写真8》レールスプリッタ電源の製作事例

《写真10》フォノイコライザ（右）と電源ユニット（左）

《写真9》XLR コネクタ

採用しました。コネクタでは有名なノイトリック（Neutrik）社のリーン（REAN）ブランドのものです。コンパクトですし、小電流回路にはピッタリだと思います。

第6章-10 試聴

このフォノイコライザを筆者のリスニングルームにセッティングして試聴してみました（写真10、11）。

1960年〜80年代に収集したLPレコードを久しぶりに聴いてみました。

30分くらいで片面が終わってしまうので盤を「裏返す」のが面倒なことや簡単に「頭出し」ができないこと、音溝のゴミが針にぶつかるポツポツというノイズなどが気になるのですが、そんなささいなことよりも、とにかく音がやわらかいこと、自然なことに驚かされます。

50年前に録音された「アントニオ・カルロスジョビン」

のボサノバの新鮮なサウンドには思わず聴き入ってしまいました。

昨日の録音です…と言われても納得しそう?? です。人間の性能を超えたフォーマットがぞくぞくと登場していますが、オーディオ技術の発展と音楽の感動とはリンクしているのか…と考えさせられてしまいました。

皆さんもぜひLPレコードの再生に再挑戦されてはいかがでしょうか。

【試聴環境】
レコードプレーヤ：Technics SL-1200MK3
カートリッジ：Technics P205C-MK4
パワーアンプ：自作の300B シングル（真空管）
スピーカ：JBL4333A スタジオモニター

《写真11》筆者のリスニングルームにセッティングしたところ

単一電源から±電源を取れる
レールスプリッタ

○予算／ 2,200 円 （基板のみ）

単一電源から、オペアンプの駆動に便利なプラス・マイナス（±）電源を作り出せるレールスプリッタを作ります。これはいわゆる便利グッズですので、トランスを使った本格的な±電源ではありませんが、手軽にサッと作って食べられるファーストフードも時にはよいものです。

第7章-1 レールスプリッタ

DC24V の AC アダプタから DC ± 12V をつくりだす「レールスプリッタ電源基板」です

この本ではオペアンプをつかった「フォノイコライザ」や「サブウーハー用ローパスフィルタ」などを紹介していますがいずれも±電源が必要でした。

それらをドライブするための電源としてトランスと 3 端子レギュレータをつかった定電圧電源が一般的ですが AC100V を扱うので初心者のかたは製作を躊躇されるかもしれません。

レールスプリッタ電源があれば感電の心配もなく、安心してオペアンプに取り組んでいただけるのではないかと思っています。

オーディオ用パワー IC を採用して 200mA まで連続使用できるようにしているのが特長です。

《写真 1》今回製作するレールスプリッタ電源基板

第7章-2 必要な工具

製作に必要な工具は以下のとおりです。

・ハンダごて（20 ～ 30W くらい）
・ニッパー
・ラジオペンチ
・ピンセット
・プラスドライバ

第7章-3 回路図

レールスプリッタ電源基板の回路は**第 1 図**の通りです。

プラス側の負荷電流とマイナス側の負荷電流が等しいときはパワー IC の消費電流（約 60mA）が流れるのみですので発熱は少しです。

本機を使用するときはプラス側とマイナス側の

ちょっと解説

レールスプリッタとは

ひとつの電源をプラスとマイナスのふたつの電源に分割する回路のことなのですが電源を鉄道のレールに見立てると、2 本のレールを中央で分割（スプリット）してプラスとマイナスに分けたようなイメージなので「レールスプリッタ」と呼ばれています。

「仮想グランド」と呼ばれることもありますが同じものです。

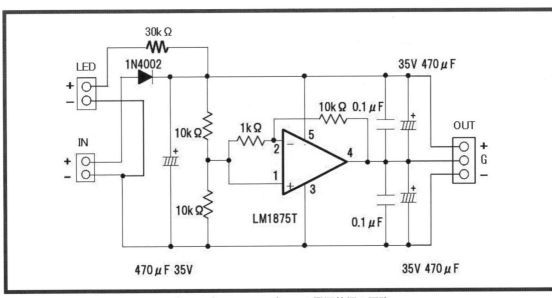

《第1図》レールスプリッタ電源基板の回路

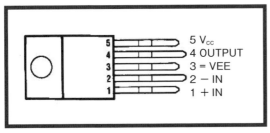

《第2図》LM1875T のピン配置

負荷電流が等しくなるようにしてください。この本でとりあげたオペアンプ採用回路ではまったく問題ありません。

　LED 用端子の＋側につながっている 30kΩは LED の明るさ調整用です。10k ～ 30kΩの間でお好みの明るさになるよう調整してください。筆者

はメーカー製オーディオ機器の横に置いても違和感のない明るさにするため 30kΩにしています。

　教科書通りの計算値の抵抗にすると明るく輝きすぎてオーディオ機器らしくなくなってしまいます。

　このような小ワザをきかせられるのも自作ならではの楽しみですね。注意点としては、金属ケースに入れたとき、IN 端子の（−）がケースに触れないよう（ショートしないよう）にしてください。

　金属ケースをアース電位にしたいときは OUT 端子の（G）をケースに接続してください。

第7章-4 パーツリスト

　使用するパーツは第1表の通りです。

《第1表》パーツリスト

	部品名	型番	数量	参考価格（単価）	取扱店
1	ユニバーサル基板	ICB-88	1	110 円	
2	パワーIC	LM1875T	1	712 円	
3	ヒートシンク（放熱器）	17P23 L25-BA	1	55 円	
4	シリコンラバーシート	TC-30TAG-2/TO-220	1	18 円	
5	ダイオード	1N4002	1	9 円	
6	抵抗　1kΩ　（茶黒黒茶茶）1/4W	MF1/4T52　1kΩ	1	16 円	
7	抵抗　10kΩ（茶黒黒赤茶）1/4W	MF1/4T52　10kΩ	3	16 円	共立電子
8	抵抗　30kΩ（橙黒黒赤茶）1/4W	MF1/4T52　30kΩ	1	16 円	
9	電解コンデンサ　470μF35V	UFW1V471MPD	3	93 円	
10	フィルムコンデンサ　0.1μF(104)100V	MKS2-.1/100/5	2	137 円	
11	ネジ端子 2P	XW4E-02C1-V1	2	94 円	
12	ネジ端子 3P	XW4E-03C1-V1	1	141 円	
13	スズメッキ線 0.5Φ 10m 巻	TCW0.5 L-10	1	272 円	
14	ナベ小ネジ M3×6		1		
15	スプリングワッシャ M3用		1		

※表中の単価は、原稿を作成している時点のもので、時期やショップによって異なります。

LED へ
(+) (−)

ネジ端子 2P

1kΩ 10kΩ

470μF 470μF

470μF
(−)
(+)

10kΩ

0.1μF

0.1μF

IN
(−)
(+)

10kΩ

(−)

(+)

(−)

OUT
(G)
(+)

ネジ端子 2P

1N4002 LM1875T ネジ端子 P3

470μF

《写真 2》基板「表面」のパーツレイアウト

前のピン（3 本）の間隔を基板
の穴と合わせます

後ろのピン（2 本）の間隔を基板
の穴と合わせます

先に前のピンを差し込み
あとから後ろのピンを差
し込みます

《写真 3》パワー IC のピン間隔の調整

ヒートシンクの上にシリコン
ラバーを置きます

スプリングワッシャを介して
M3 のネジで締め付けます

《写真 4》ヒートシンクの取付け

パワー IC「LM1875T」のピン配置は**第 2 図**の通りです。

パワー IC は少し発熱するので必ずヒートシン

クを取付けてください。

パワー IC とヒートシンクの間に「シリコンラバーシート」を挟んで熱が伝わりやすくします。

昔は「シリコングリス」を塗っていましたが、これを使用すれば手やヒートシンクをグリスで白く汚すこともないので快適に作業できます。

抵抗は信頼性の高い「金属皮膜」をおすすめします。

音質にいちばん影響するのは 470μF 35V の電解コンデンサですが筆者はニチコンのオーディオ用を採用しました。一般用（汎用）でももちろん OK です。

オーディオ用は一般用と比べてソフトな音にな

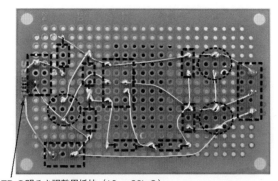

LEDの明るさ調整用抵抗（10～30kΩ）
《写真5》基板（裏面）の配線

《写真6》レールスプリッタ電源基板の完成

る傾向があります。メーカーによっても音質差が
ありますのでいろいろと遊べるところです。

　0.1μFはドイツWIMA社のポリエステルフィ
ルムを選びました。積層セラミックなどは音質的
に避けたほうが良いでしょう。ポリエステルフィ
ルムもしくはポリプロピレンフィルムを選んでく
ださい。

第7章-5 つくりかた

❶基板の表面からパーツを差し込みます。

　基板上のパーツレイアウトは**写真2**の通りです。

　「LM1875T」のピンはそのままではユニバーサ
ル基板の穴と合いません。**写真3**の要領でピン
の間隔を調整します。

　「LM1875T」をいったん基板から取り外して、
ヒートシンクに取り付けます（**写真4**）。

　抵抗およびフィルムコンデンサには極性があり
ません。どちらの方向に差し込んでもOKです。

　電解コンデンサおよびダイオードには極性があ

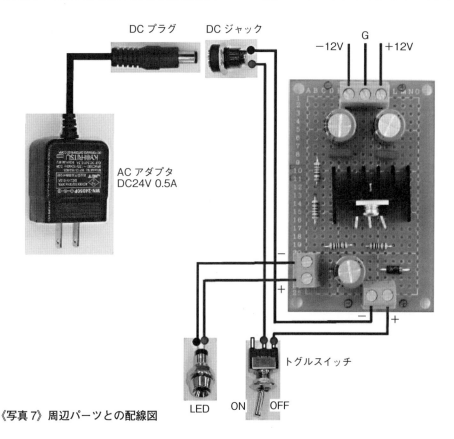

《写真7》周辺パーツとの配線図

りますので取り付け方向に注意してください。

❷基板の裏側でパーツのリード線を曲げて、パーツが抜け落ちないようにします。

❸すべてのパーツのリード線を基板の裏面でハンダづけします。

❹余分なリード線を基板の根元でカットします。

❺基板裏面の配線（写真5）をします。0.4 Φ（直径 0.4mm）のスズメッキ線で配線します。配線が終わり完成した様子を写真6に示します。

　ユニバーサル基板の配線テクニックは第4章をご覧ください。

《写真9》基板にペテットをネジ止めしたところ

第7章-6 周辺パーツとの配線図

　レールスプリッタ電源基板と DC ジャックなど周辺パーツとの配線は写真7の通りです。

　DC24V の AC アダプタを接続してテスターで出力端子の電圧を確認してください。12V 前後でプラス、マイナスの電圧が揃っていたら OK です。

　そうでないときはただちに AC アダプタを外してパーツの取付け方向や基板の配線に間違いがないかチェックしてください。

第7章-7 製作事例

　小型のアルミケースに組み込んでみました（写真8）（共立電子扱い Type106 - 140）。

　フロントパネルおよびリアパネルはケースに付属しているものを使用せずにオーディオ機器らしい厚さと大きさの別売品を採用しました（共立電子「WP - 817」ブランクアルミ板セット）。

　いずれにしてもパネルの穴あけ加工が必要です。

　±電源接続端子には REAN ブランドの XLR コネクタを採用しました。

　この事例は電源ユニットとして独立させたものですが、レールスプリッタ電源基板をオペアンプと同じケースに組み込んでも、もちろん OK です。

　基板をアルミケースに取付けるのに「ペテット」を使用しました。ペテット裏面の両面テープでアルミケースに貼り付けます（写真9）。

　このレールスプリッタ電源基板があればオペアンプを使った電子工作がより身近になるのではと思います（写真10）。

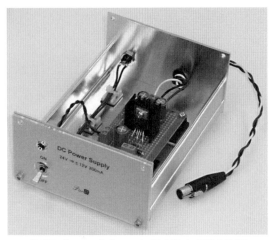

《写真8》アルミケースに組み込んだ製作事例

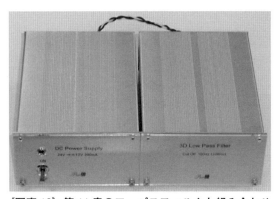

《写真10》第11章のローパスフィルタと組み合わせたところ

第8章

ショックノイズを消す ミューティング基板

● 予算／ **1,400 円**（基板のみ）

ミューティング回路は、一部のパワーアンプでは、スピーカ保護のため必須のものです。ここで製作するミューティング基板も目的は同じですが、プリアンプ用である点が異なります。これもちょっと気の利いたアクセサリ回路になるわけですが、電源 ON-OFF 時のショックノイズの発生を防止してくれるので、音を聞くという行為に集中させてくれる意味ではおいしいものです。さしずめ、癖のある匂いや味を調えてくれる香辛料のようなものでしょうか。

第8章-1 プリアンプ用 ミューティング基板

本章ではプリアンプ用のミューティング基板を作ります。

この本では「オペアンプ」をつかったいろいろな基板を紹介しています。

シンプルな回路でいろいろな用途のアンプを作れるのがオペアンプの利点ですが、欠点もあります。

それは、電源 ON、OFF 時に「ボツッ」というショックノイズが発生することです。

このショックノイズから逃れる方法としては、パワーアンプの電源を ON する前にプリアンプの電源を ON にしておき、パワーアンプの電源を OFF にしてからプリアンプの電源を OFF にするという操作が必要でした。この儀式を「めんどう

だなあ…」と思っているかたもいらっしゃると思います。

今回製作するミューティング基板（写真1）は、リレーをつかって、プリアンプの出力を常時「短絡」しておき、電源 ON 後約3秒で「開放」するというしくみです。ショックノイズから完全に逃れられ、「お行儀のいいプリアンプ」に仕上がります。

第8章-2 必要な工具

今回製作に必要な工具は以下のとおりです。
・ハンダごて（20 ～ 30W くらい）
・ニッパー　・ラジオペンチ　・ピンセット

第8章-3 回路

プリアンプ用ミューティング回路基板の回路は第1図の通りです。

回路に 22 μF の電解コンデンサがありますが、これの充電に必要な時間を利用してオペアンプ「TL082」でリレーを制御します。

22 μF の場合は約3秒でリレーが作動します。

47 μF に変更すれば約5秒になりますのでお好みで選択してください。

《写真1》
今回製作するプリアンプ用ミューティング回路基板

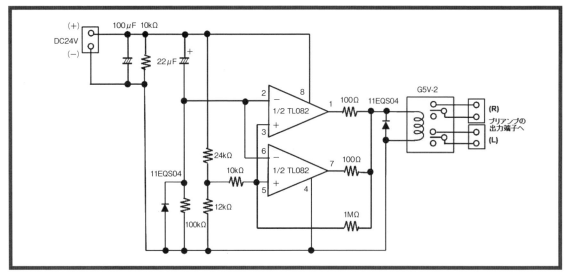

《第1図》プリアンプ用ミューティング基板の回路

第8章-4 パーツリスト

使用するパーツは**第1表**の通りです。

オペアンプは比較的大きな電流が流せる「TL082CP」を選びました。

リレーは入手しやすいオムロンの「G5V-2」を選びましたが、コイル電流が20mA以下でDC24V仕様でしたら他のものでもかまいません。

抵抗は金属皮膜を選びましたがカーボンでもかまいません。

電解コンデンサは容量と耐圧が同じならどのメーカーのものでもかまいません。

ダイオードは40V 1Aのショットキーバリアを選んでいますが同じような仕様なら何でもかまい

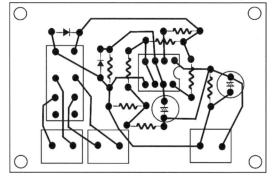

《第2図》基板（裏面）の配線

ません。

第8章-5 つくりかた

❶基板の表面からパーツを差し込みます。基板上

《第1表》部品表

	部品名		型番	数量	参考価格（単価）	取扱店
1	ユニバーサル基板		ICB-88	1	110 円	
2	オペアンプ		TL082CP	1	99 円	
3	IC ソケット　8 ピン		GS031-0830G-K	1	26 円	
4	金属皮膜抵抗　　100 Ω　（茶黒黒黒茶）1/4W		MF1/4T52　100 Ω	2	16 円	
5	〃　　　　　　10k Ω　（茶黒黒赤茶）1/4W		MF1/4WT52　10k Ω	2	16 円	
6	〃　　　　　　12k Ω　（茶赤黒赤茶）1/4W		MF1/4WT52　12k Ω	1	16 円	
7	〃　　　　　　24k Ω　（赤黄黒赤茶）1/4W		MF1/4WT52　24k Ω	1	16 円	共立電子
8	〃　　　　　100k Ω　（茶黒黒橙茶）1/4W		MF1/4WT52　100k Ω	1	16 円	
9	〃　　　　　　1M Ω　（茶黒黒黄茶）1/4W		MF1/4WT52　1M Ω	1	16 円	
10	電解コンデンサ 22 μF 35V		UVR1V220MDD	1	12 円	
11	〃　　　　　100 μF 35V		UVR1V101MED	1	23 円	
12	ダイオード		11EQS04	2	30 円	
13	リレー		G5V-2　DC24V	1	346 円	
14	ネジ端子 2P		XW4E-02C1-V1	3	94 円	
15	スズメッキ線 0.5 Φ 10m 巻		TCW0.5 L-10	1	272 円	

※表中の単価は、原稿を作成している時点のもので、時期やショップによって異なります。

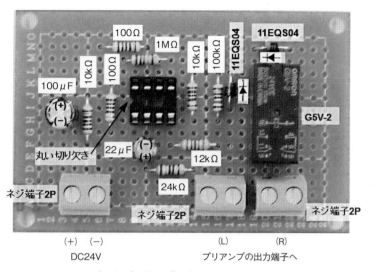

《写真2》基板「表」面のパーツ配置

《写真3》基板（裏）面の配線

《写真5》プリアンプ用ミューティング回路基板の完成

のパーツ配置は**写真2**の通りです。

　電解コンデンサとダイオードには極性がありますので注意してください。ICソケットには丸い「切り欠き」がありますので方向に注意してください。

❷基板の裏面でパーツのリード線を曲げて、パーツが抜け落ちないようにします。

❸すべてのパーツのリード線を基板の裏面でハンダづけします。

❹余分なリード線を根元からカットします。

❺基板裏面の配線をします（**写真3**）。

　0.4φ（直径0.4mm）のスズメッキ線で配線します。

　写真3でわかりにくいときは**第2図**を参考にしてください。

　オペアンプ「TL082」をICソケットに挿しこめば完成です（**写真5**）。オペアンプの丸印をICソケットの切り欠き方向に合わせます。

第8章-6 動作テスト

　DC24V端子にDCジャックを接続して、DC24V 500mAくらいのACアダプタのプラグを接続します。通電後、約3秒で「カチッ」とリレーから音がすればOKです。

第8章-7 プリアンプ基板との配線例

　第6章で製作した「フォノイコライザ」基板および**第7章**で製作した「レールスプリッタ電源」基板と一緒に組み合わせてみました。

　全体の配線は**写真6**の通りです。

　第11章で製作する「ローパスフィルタ」にも今回の「ミューティング回路基板」は使用できます。この配線例を参考にしてください。

　フォノイコライザは「LPレコード」を聴くときの必須アイテムです。

　この配線例ではDC24VからDC±12Vを作りだす「レールスプリッタ電源」を採用していますので感電の心配もなく、初心者でも安心して製作できるのではないかと思います。

第8章-8 製作事例

　写真6の全体配線例と同じ構成のものを共立電子で販売している小型アルミケース（Type106-

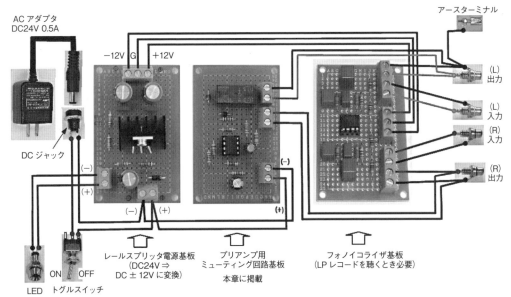

AC アダプタ
DC24V 0.5A

アースターミナル

−12V G +12V

DC ジャック

(−)
(+)

(−)
(+)

(−)

(+)

(−)

(L) 出力
(L) 入力
(R) 入力
(R) 出力

ON OFF

LED トグルスイッチ

レールスプリッタ電源基板
（DC24V ⇒
DC ± 12V に変換）

プリアンプ用
ミューティング回路基板
本章に掲載

フォノイコライザ基板
（LP レコードを聴くとき必要）

《写真 6》 全体配線例

《写真 7》 フォノイコライザの製作事例 1

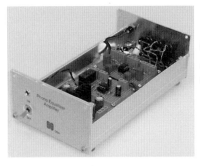

《写真 8》 フォ
ノイコライザ
の製作事例 2

一緒にセッティングしてみました（写真 9）。

レコードプレーヤは私が愛用しているテクニクス製の SL-7。レコードジャケットと同じコンパクトサイズなので使い勝手はバツグンです。

現在は販売されていないのが残念ですが…このプレーヤでなくても、MM 型カートリッジを装備したものなら何でも OK です。

第 4 章で製作したパワーアンプと共立電子で販売しているスピーカの組立キットを組み合わせました。

デスクトップにコンパクトに設置できますし、サイズを超えた上質な音は上級マニアのサブシステムとしてもおすすめです。

190）に組み込んでみました。写真 7 および写真 8 がその外観です。

せっかくフォノイコライザを製作したので、レコードプレーヤやアンプ、スピーカーと

エンクロージャ完成品
共立電子 WP-SP086B
スピーカユニット
共立電子 WP-FL08

レコードプレーヤ
テクニクス SL-7
（販売終了）

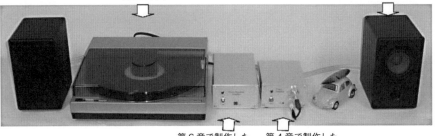

第 6 章で製作した
フォノイコライザ

第 4 章で製作した
パワーアンプ

《写真 9》 レコードプレーヤ、アンプ、スピーカと組み合わせた事例

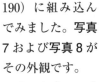

第9章

半導体とは一味ちがう真空管パワーアンプ

●予算／17,000円

　少し前までは、真空管アンプというと、一部のオーディオマニアのものという考えが強く、購入するにしても自作するにしても、非常に高価なものというイメージでした。また、スペック的には、一桁以上価格の安い半導体アンプ以下なので、手軽に手に入れて楽しむ人はすくなかったのです。しかし、最近は単なるファッションではなく、聴いた音質を重視して選ぶ人も増えているようです。料理でいうと見直されている伝統食材でしょうか。入手が難しかったり、高価だったり、あるいは下処理が難しいということはありますが、きちんと料理すると、とても味わい深いものです。

第9章-1 真空管アンプ

　真空管アンプが根強い人気です。ブームに乗っかって??　いろんな真空管アンプやキットが市場に出回っています。

　真空管が装着されているもののスピーカを駆動するのはデジタルアンプだったりと玉石混交、百花繚乱状態で初心者はどれを選んだらよいのか迷ってしまうのではないでしょうか。

　そこで、今回は入手しやすい真空管「6BM8」を採用しつつ、出力を欲張らずに「3極管接続」にして低歪を追求し、その結果「NFB（負帰還）」を不要にした超シンプルでつくりやすい「正真正銘の真空管アンプ」にチャレンジします。

　電源部は現代アンプらしく「FET」をつかったリップルフィルタを採用して、大きく重く高価

《写真1》今回製作する真空管アンプ基板と電源基板

な「チョークコイル」を追放しています。

　解像度が高いのにやわらかい本物の真空管の音を体感していただければと思っています（写真1）。

第9章-2 必要な工具

　必要な工具は以下のとおりです。

・ハンダごて（20〜30Wくらい）
・ニッパー
・ラジオペンチ
・ピンセット
・ドリル（2.0mm）
・ピンバイス（電動ドリル、ハンドドリル）
・プラスドライバ（1番、2番）
・マイナスドライバ
・ハンマー

第9章-3 アンプ基板の回路

　アンプ基板の回路は第1図の通りです。

　真空管は欧州名「ECL82」米国名「6BM8」を使用します。

　電圧増幅を担当する「3極管」と電力増幅を担当する「5極管」が同じガラスバルブに封入されていますので「複合管」と呼ばれています。

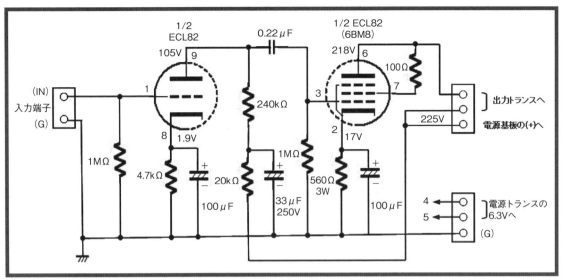

《第1図》アンプ基板の回路

これ1本でパワーアンプをつくれますので昔からコンパクトなオーディオ機器に多用されてきました。

そのために音質も軽んじられる傾向がありますが、ちゃんとした回路、ちゃんとしたパーツで製作すればベテランマニアでも満足できる高音質が得られます。

6BM8のピン配置は第2図の通りです。

第6章で使用した「オペアンプ」のピン配置は上から（モールド樹脂部から）見た図でしたが、真空管は下から（ピン側から）見た図ですので注意してください。

第9章-4 5極管・3極管動作

6BM8をつかった一般的なアンプ回路は5極管

のスクリーングリッド（7番ピン）をB電源（電源基板の高圧電源）に接続しています。

こうすると本来の5極管動作になり大出力を得られるのですが、そのかわりに「歪」が多くなるというジレンマが発生します。

それで、歪を減らすために出力の一部を入力に戻す「負帰還（NFB）」というテクニックが必要になってきます。

ひと昔前はこの負帰還で数値上の低歪を追求したアンプがほとんどでした。ところが負帰還をかけると計測時の歪率は下がるものの「音質」とは連動しないということがわかってきました。

上の回路のようにスクリーングリッド（7番ピン）をプレート（6番ピン）に接続すると5極管が3極管に変身します。

3極管動作にすると出力は約半分に低下しますが、そのかわりに負帰還をかけなくても低歪を実現できます。

第1図のアンプ回路を「3極管接続（3結）」、「無帰還」回路と呼んでいます。この回路は真空管の「素顔の音」が聴けるのでベテランマニアにも愛用されています。

第9章-5 電源基板の回路

電源基板の回路は第3図の通りです。

4本のダイオードでブリッジ整流したあと100

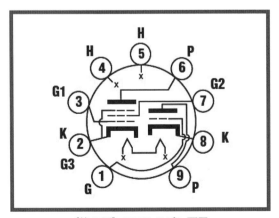

《第2図》6BM8のピン配置

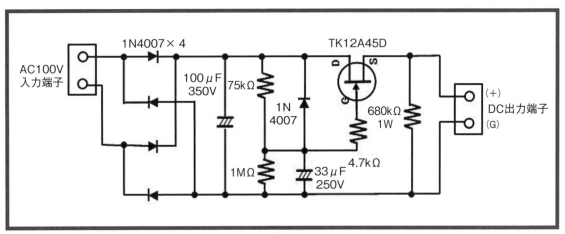

《第 3 図》電源基板の回路

μF 350V の電解コンデンサで平滑します。

　これだけではリップル（整流後の直流にわずかに漏れ出た交流成分）を取りきることができませ

ん。スピーカから「ブーン」というノイズがでます。

　通常は、このあとにチョークコイルを通して

《第 1 表》パーツリスト

	部品名	型番	数量	参考価格（単価）	取扱店
アンプ基板					
1	ユニバーサル基板	ICB-88	2	110 円	
2	真空管 6BM8（ECL82）	WP-ECL82TUBE(2 本一組)	1	6,050 円	
3	真空管ソケット 9 ピン	GZS9-Y(PCB)	2	102 円	
4	ネジ端子	XW4E-02C1-V1	8	94 円	
5	100Ω（茶黒黒黒茶）1/4W	MF1/4WT52 100Ω	2	16 円	
6	4.7kΩ（黄紫黒茶茶）1/4W	MF1/4WT52 4.7kΩ	2	16 円	
7	20kΩ（赤黒黒赤茶）1/4W	MF1/4WT52 20kΩ	2	16 円	
8	240kΩ（赤黄黒橙茶）1/4W	MF1/4WT52 240kΩ	2	16 円	
9	1MΩ（茶黒黒黄茶）1/4W	MF1/4WT52 1MΩ	4	16 円	
10	560kΩ（カラーコードなし）3W	酸金 3W 560Ω	2	38 円	
11	0.22μF（224）250V	ECQE2224KF	2	55 円	
12	33μF 250V	UVR2E330MHD	2	106 円	
13	100μF 25V	UVR1E101MED	4	17 円	
14	スズメッキ線　0.5Φ 10m 巻	TCW0.5 L-10	1	272 円	
電源基板					共立電子
15	ユニバーサル基板	ICB-88	1	110 円	
16	ネジ端子	XW4E-02C1-V1	2	94 円	
17	ダイオード 1000V 1A	1N4007	5	9 円	
18	FET	TK12A45D	1	157 円	
19	放熱器	BPUG26-30	1	136 円	
20	クールシート	TC-30TAG TO-220	1	18 円	
21	4.7kΩ（黄紫黒茶茶）1/4W	MF1/4WT52 4.7kΩ	1	16 円	
22	75kΩ（紫緑黒赤茶）1/4W	MF1/4WT52 75kΩ	1	16 円	
23	1MΩ（茶黒黒黄茶）1/4W	MF1/4WT52 1MΩ	1	16 円	
24	680Ω（カラーコードなし）1W	酸金 1W 680kΩ	1	15 円	
25	33μF 250V	UVR2E330MHD	1	106 円	
26	100μF 350V	UVR2V101MHD	1	348 円	
27	ハトメ　2Φ× 2mm	レインボープロダクツ 1139 ハトメ S2.0mm（100 個入り）	1	172 円	
トランス類					
28	電源トランス	P66141	1	3,973 円	
29	出力トランス	A48-78	2	1,711 円	
ネジ類					
30	FET 取付ネジ	M3 × 10 トラス小ネジ	1		
31	スプリングワッシャー	M3 用	1		

※表中の単価は、原稿を作成している時点のもので、時期やショップによって異なります。

リップルを除去するのですが、チョークコイルは、出力トランスと同じような大きさと重さで、かつ高価なのが難点でした。

そこで、最近はFETを使ったリップルフィルタが主流になってきました。

これならユニバーサル基板1枚のサイズに収まりますし性能はチョークコイル以上、費用はチョークコイルの数分の1といいことずくめです。

材料（パーツリスト）

第1表がこのアンプのパーツ一覧です。

第9章-6 いろいろ出回っている 6BM8

真空管の6BM8は市場にいろいろなものが出回っています。ギターアンプなどに多用されている真空管なので今でもロシア、東欧、中国などで製造されていて、入手しやすいと思います。ただし、それだけにいろんなルートで日本に入ってきますので「目利き」のできない初心者は信頼できる販売店で購入されることをおすすめします。

共立電子では全数検査した上で特性の揃ったもの2本を「ペア」にして「WonderPure」ブランドで販売しています。

0.22μF 250Vのコンデンサはカップリングコンデンサと呼ばれていて、音質に影響しますので「ポリプロピレン」もしくは「ポリエステル」フィルムコンデンサを選んでください。

出力トランスは1次インピーダンスが5～7kΩで許容電流が40mA以上のものなら他のトランスでも使用可能です。

パーツリストのトランスは共立電子オリジナル仕様ですが染谷電子製です。コストパフォーマンスは良いと思います。

第9章-7 アンプ基板のつくりかた

基板上のパーツレイアウトは写真2の通りです。

①「真空管ソケット」を取り付けます。

真空管ソケットはユニバーサル基板の穴とピッタリ合いません。次のようにして取りつけます。

（1）「9番ピン」と「1番ピン」をユニバーサル基板の穴に軽く挿し込みます（写真3）。

（2）ピンセットを使って他のピンをできるだけピンの近くの穴に挿し込みます（写真4）。

（3）基板の裏側からラジオペンチでピンを引っ張って外側に曲げておきます（写真5）。

②基板の「表面」から真空管ソケット以外のパーツを挿しこみます。抵抗とフィルムコンデンサには極性がありません。電解コンデンサには極性がありますので方向に注意してください。

③基板の裏面でパーツのリード線を曲げてパーツ

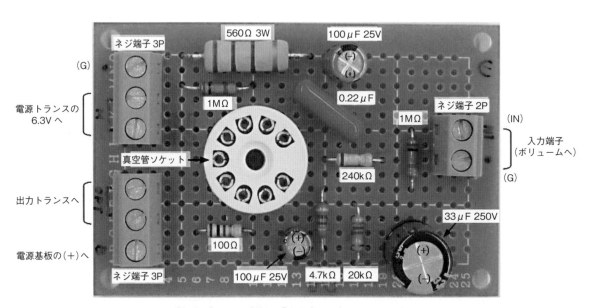

《写真2》アンプ基板「表面」のパーツレイアウト

《写真3》真空管ソケットの取りつけ-1

《写真5》真空管ソケットの取りつけ-3

《写真4》真空管ソケットの取りつけ-2

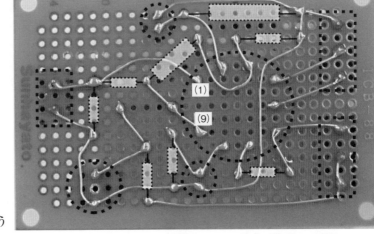

《写真6》アンプ基板「裏面」の配線

が落ちないように（抜けないように）します。

④すべてのリード線を基板裏面でハンダづけします。

⑤余分なリード線をニッパーでカットします。

*②～④の部品の取付けについての詳しい解説は第4章をごらんください。

⑥基板「裏面」の配線をします。0.5φ（直径0.5mm）のスズメッキ線で配線します（写真6）。

*ユニバーサル基板の配線テクニックは第4章をごらんください。

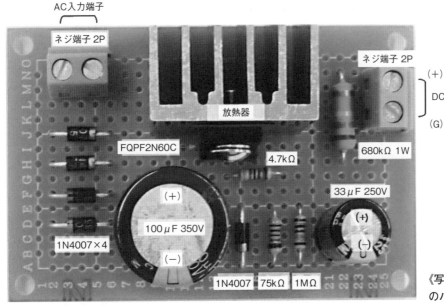

《写真7》電源基板「表面」のパーツレイアウト

第9章-8 電源基板のつくりかた

基板上のパーツレイアウトは**写真7**の通りです。

①「放熱器」を取り付けるために基板を加工します。

放熱器にはピンが2本ついています。このピンを基板にハンダづけして固定するのですが、ユニ

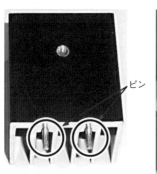

《写真8》放熱器のピン

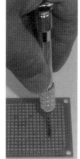

《写真9》ドリルで穴を拡大します

バーサル基板の穴は小さいのでそのままではピンを通すことができません（**写真8**）。

そこで、ユニバーサル基板を加工します。

（1）放熱器のピンの位置を決めて2mmのドリルで穴を拡大します（**写真9**）。

写真ではピンバイスを使用していますがハンドドリルで電動ドリルでもOKです。

（2）基板の表面から2mm径の「ハトメ」を通し、基板裏面からプラスドライバを乗せてハンマーで叩いてカシメます（**写真10**）。

「1番」のプラスドライバで「ハトメ」の先端を4方向に開いて「2番」のプラスドライバでさらに押し広げます（**写真11**）。

（3）ハンマーで叩いて「ハトメ」をしっかりと固定

《写真10》ハトメ

《写真11》ハトメを取りつけ（カシメ）

したら完了です（**写真12**）。

②放熱器に「FET」をネジ止めします。

（1）放熱器の上に「クールシート」を置きます（**写真13**）。

（2）「クールシート」の上に「FET」を置いてネジ止めします。緩み防止のために必ず「スプリングワッシャ」を通してからネジ止めします（**写真14**）。

③放熱器を基板に取りつけます。

（1）ハトメの穴に放熱器のピンを挿しこみます（**写真15**）。

（2）基板の裏面でピンとFETをハンダづけ（**写真16**）します。

ユニバーサル基板にハトメのテクニックを応用すれば大型電解コンデンサ（ブロックコンデンサ）や大容量ダイオードなどの大型パーツもユニバーサル基板に実装できます。

④基板の「表面」からパーツを挿しこみます。

ダイオードと電解コンデンサには極性がありますので方向に注意してください。

《写真12》ハトメを取りつけたところ

《写真13》放熱器上にクールシートを置く

《写真14》FETの取りつけ

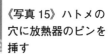

《写真15》ハトメの穴に放熱器のピンを挿す

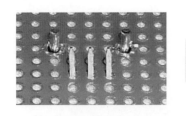

《写真16》放熱器のピンとFETをハンダづけ

⑤基板の裏面でパーツのリード線を曲げてパーツが抜け落ちないようにします。

⑥すべてのリード線を基板裏面でハンダづけします。

⑦余分なリード線をニッパーでカットします。

⑧基板「裏面」の配線をします。0.5φ（直径0.5mm）のスズメッキ線で配線します（写真17）。

基板3枚が完成しました（写真18）。

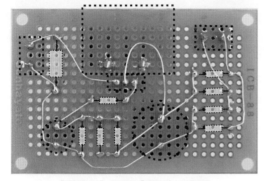

《写真17》基板「裏面」の配線

第9章-9　トランスや入出力端子との配線

電源トランスや出力トランスおよび入出力端子との配線は写真19の通りです。

ヒーター用の6.3Vは片側をアースに落とします（電源のマイナスと接続します）。

これを忘れるとハム音（ブーンというノイズ）に悩まされます。スピーカ端子のマイナスもアースに落としておきます。

金属ケースに組み込むときはRCAジャックのマイナスをケースと接続してください（シャー

《写真18》完成した基板

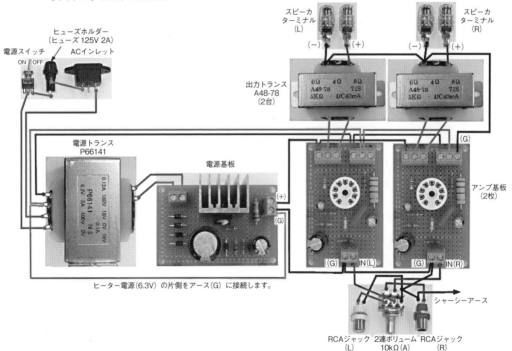

《写真19》全体配線図

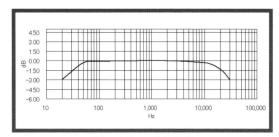

《第4図》周波数特性

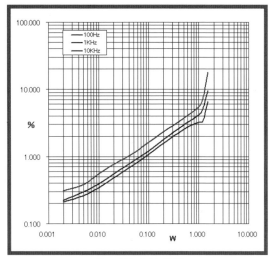

《第5図》歪率特性

シーアース)。

《写真20》製作事例

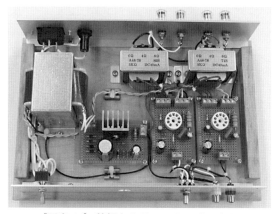

《写真21》基板とトランスのレイアウト

第9章-10 特性を計測

■周波数特性

　本機の出力 0.5W 時の周波数特性は**第4図**の通りです。

　出力を欲張らなかったために出力トランスに流れる電流が少なくて済み 20Hz ～ 30kHz が－3dB 以内におさまっています。

　音楽鑑賞用途には必要十分な帯域をカバーしていると思います。

■歪率特性

　本機の出力対歪率特性は**第5図**の通りです。

　無帰還回路を採用したため、出力に対して歪がリニア（直線的）に増加してゆくソフトディストーションを実現しました。各周波数の歪率が揃っているのも音の良いアンプの条件です。

　3極管接続にすると、歪成分は偶数次の高調波が主体になり、耳ざわりにならず、少々出力をあげてもまったく歪感はありません。

　「歪」というより「響き」と呼びたいくらいです。

第9章-11 製作事例

　筆者の製作事例をご紹介します（**写真20**）。

　幅 260mm、奥行き 175mm、厚さ 12mm の「フィンランドバーチ合板」をクリアラッカで塗装して、その上に基板やトランスを組み付けています。

　フロントパネルとリアパネルには市販の「アルミLアングル」を使用しました。

　全体を覆う透明のカバーは無印良品で購入したアクリル製の「仕切り棚」です。真空管で熱された上昇気流を逃がすための「通風穴」をあけておきます。

　内部のレイアウトは**写真19**の全体配線図とほぼ同じです（**写真21**）。

読者の皆さんもこれをヒントにして、身近な素材で自分好みのケースを製作してみてください。

世界にひとつのオリジナルアンプをつくれるのは電子工作ファンの特権ですね。

第9章-12　アンプの特長を生かせるスピーカ

どんなアンプにも言えることですが「万能選手」は存在しません。製作したアンプの特長を活かせるスピーカとの組み合わせをおすすめします。

本機のような小出力の無帰還アンプは高能率スピーカとの相性はバツグンです。

シアター系スピーカやスタジオモニタなどの大型フロアスピーカはじめバックロードホーンなどの高能率スピーカと組み合わせればダンピングのきいた「抜け」の良い音を朗々と鳴らすことができます。

反面、小口径ウーハーを小型密閉箱に押し込めた低能率スピーカとの相性はよくありません。

ダンピングのきかない、つまった音になってしまいます。

このタイプのスピーカは半導体を採用した大出力・高ダンピングファクターのアンプを前提に設計されているので、相性がよくないのはしかたないところです。

ただし、これらのスピーカでも 1m 以内の至近距離で聴く「ニアフィールドリスニング」的な使い方なら本機でも実用になると思います。

第9章-13　試聴

写真 22 は共立電子の試聴コーナーで試聴しているところです。

音源は Raspberry Pi をつかったオーディオ専用 PC（左端）でキット品番「WP-APC02」。

いちばん右のスピーカは「JBL4312D」コントロールモニタです。

その左隣は 20cm ユニットをつかったバックロードホーンでキット品番「WP-720BH」にホーンツィーターをプラスしたものです。

初心者はもちろんベテランマニアにも満足いただけるアンプだと思います。本物の真空管アンプの音を体験いただくことができましたら幸いです。

《写真 22》試聴しているようす。左端は音源の RaspberryPi オーディオ専用 PC（キット品番「WP-APC01」）、真中は 20cm ユニットをつかったバックロードホーン（キット品番「WP-720BH」）にホーンツィータをプラスしたもの。右端のスピーカは「JBL4312D」コントロールモニタ

第9章　半導体とは一味ちがう真空管パワーアンプ

79

高音質を狙う
デュアル・モノ・パワーアンプ

●予算／13,800円（基板のみ2台分）

　デュアル・モノ・パワーアンプといっても、モノアンプを2台作るだけです。ステレオの左右のチャンネル間のセパレーションの悪化は、共通回路を通してですので、ステレオ仕様のものを作るより、音質や安定性は一段向上します。まさに発想の転換です。

　料理に例えると単純だが発想が面白い創作料理でしょうか。

第10章-1　今回つくるのは

　ベテランマニアにも満足していただける「高音質」、「高性能」＆「高出力」のアナログパワーアンプと電源基板（**写真1**）です。

　入力と出力がそれぞれ1系統のモノ・パワーアンプで、ステレオにするには同じものが2台必要になります。モノ・パワーアンプが2台なのでデュアル・モノ・パワーアンプと呼ばれています。初心者にはちょっと敷居が高いかもしれませんが、ユニバーサル基板の配線ができて、アンプを2～3台つくったことがある人なら完成させることができると思います。

第10章-2　必要な工具

　製作に必要な工具は以下のとおりです。
・ハンダごて（20～30Wくらい）

《写真1》今回製作するアンプ基板と電源基板

・ニッパー
・ラジオペンチ
・ピンセット
・電動ドリル
・ドリルビット（2.5mmφ　3mmφ）
・M3タップ
・タップハンドル

第10章-3　アンプ基板の回路

　アンプ基板の回路は**第1図**の通りです。

ちょっと解説

　一つのイヤホンを「片耳」で聴くことを「モノーラル」と呼びます。一つのスピーカを「両耳」で聴くことを「モノ・フォニック」と呼びます。ひとつのスピーカを駆動するアンプを「モノフォニック・アンプ」略して「モノ・アンプ」と呼んでいます。「左右ふたつのスピーカ」を「両耳」で聴くのは「ステレオ・フォニック」（略して「ステレオ」）ですね。

　左右ふたつのスピーカを鳴らすために2台のアンプをひとつのケースに収めたものが「ステレオアンプ」。「モノ・アンプ」を左右別々に2台使ったものを「デュアル・モノアンプ」と呼んでステレオアンプと区別しています。

　左右の信号が干渉しないので、理想的な形態としてベテランマニアに愛用されているというわけです。

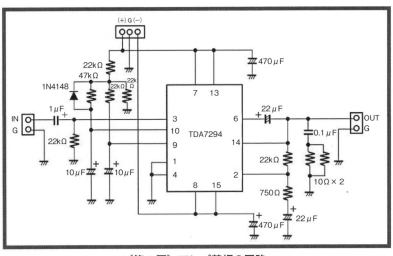

《第1図》アンプ基板の回路

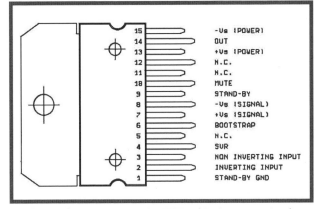

《第2図》TDA7294 のピン配置　（出所：ST マイクロ）

心臓部であるパワーICには米国「STマイクロ」の「TDA7294」を選びました。

一般的なパワーICは終段（電力増幅段）に「バイポーラトランジスタ」を採用することが多いのですが、このICには「FET」が使われています。

FETの歪成分は偶数次高調波が主体なので耳につかず、ソフトで聴きやすい音になると言われています。海外の高級・高額アンプに採用されているのも納得できますね。TDA7294のピン配置は第2図の通りです。

第4章でつくったパワーアンプはカーオーディオ用のパワーIC「TDA1554Q」使用しましたので、

電源はDC+12Vというシンプルなものでした。

今回のパワーICはピュアオーディオ用に設計されていますので電源は±（プラスとマイナス）のふたつの電源が必要になります。

このパワーICは±40Vを加えれば100Wの出力を得ることができますが、発振対策など回路が複雑になります。

今回は電圧を±22Vに抑えて出力も20W程度にしてありますのできわめてシンプルな回路になりました。左右チャンネル用に2台使用すれば20W+20Wになりますので、家庭用としては十分なパワーだと思います。

第10章-4 電源基板の回路

電源基板の回路は第3図の通りです。

二次側にセンタータップの付いたトランスもしくは2巻線のトランスを使用します。

ショットキーバリアダイオードでブリッジ整流して4,700μF×4の電解コンデンサで平滑するというシンプルな回路です。

高域補正用として1μFのフィルムコンデンサをパラ接続しているのがオーディオ用電源らしいところです。

トランスは共立電子の「HDB-60（LL）」というトロイダルコアトランス（0-15V　2A×2）を推奨していますが他のトランスも使用できます。

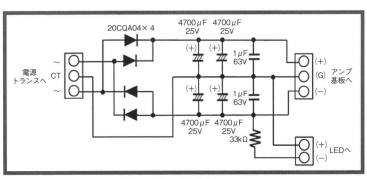

《第3図》電源基板の回路

2次側の電圧が12V〜15V×2で電流が2AくらいのものであればOKです。0-15V-30Vもしくは0-15V×2のトランスを使用すれば、DC±22Vを得ることができます。

第10章-5 パーツリスト

使用するパーツは**第1表**の通りです。この他にケース、配線用線材やLED、ピンジャックなどが必要です。読者のお好みで選んでください。記事の終わりに筆者の例を掲載しています。

前章までのユニバーサル基板は「ICB-88」というタイプを使用していましたが、今回は「ICB-288」というタイプを使います。

写真2のように基板のサイズは同じなのですが、「ICB-288」は基板の端までビッシリと穴があいています。

パワーICを放熱器に取付けたとき、放熱器と基板とが干渉しないようできるだけ基板の端にパワーICを配置するためにこの基板を採用しました。

アンプ基板のフィルムコンデンサはポリプロピレンフィルムもしくはポリエステルフィルムを選

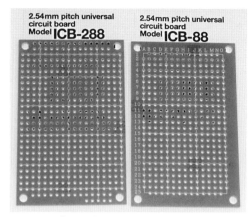

《写真2》ICB-288とICB-88

んでください。

積層セラミックなどは音質的におすすめできません。筆者はドイツ「WIMA」のポリエステルフィルムを選びました。

電解コンデンサは容量と耐圧が同じならどのメーカーのものでもOKです。筆者は「東信」のオーディオ用を選びました。

抵抗もカーボンと金属皮膜がありますがどちらでもOKです。筆者は音質と信頼性から米国「VISHAY」の金属皮膜を選びました。

《第1表》パーツリスト

	部品名	型番	数量	参考価格（単価）	取扱店
アンプ基板					
1	ユニバーサル基板	ICB-288	1	88円	
2	パワーIC	TDA7294V	1	1,630円	
3	フィルムコンデンサ　0.1μF（104）100V	MKS2-.1/100/5	1	137円	
4	フィルムコンデンサ　1μF（105）63V	MKS2-1.0/63/5	1	133円	
5	電解コンデンサ　　10μF 25V	1EUTSJ100MO	2	52円	
6	電解コンデンサ　　22μF 25V	1EUTSJ220MO	2	52円	
7	電解コンデンサ　　470μF 25V	1EUTSJ471MO	2	126円	
8	ダイオード	1N4148	1	11円	
9	抵抗　22kΩ　1/2W	CMF5522K000FKEK	5	82円	共立電子
10	抵抗　47kΩ　1/2W	CMF5547K000FHEK	1	82円	
11	抵抗　10Ω　1/2W	CMF5510R000FHEK	2	82円	
12	抵抗　750Ω　1/2W	CMF55750R00FHEK	1	82円	
13	ネジ端子2P	XW4E-02C1-V1	2	94円	
14	ネジ端子3P	XW4E-03C1-V1	1	141円	
15	放熱器	17F98L50-BA	1	462円	
16	シリコンラバーシート	TC-30TAG-2 TO3P用	1	22円	
17	スズメッキ線0.5Φ 10m巻	TCW0.5 L-10	1	272円	
18	耐熱シリコンチューブ1Φ×1m	HG-3E 1mm	1	102円	
19	絶縁ブッシュ	M3035-6810	1	41円	廣杉計器
20	パワーIC取付ネジM3×10	M3L-10	1		
21	同上用スプリングワッシャM3用	M3-SW	1		
電源基板					
22	ユニバーサル基板	ICB-288	1	88円	
23	ダイオード	20CQA04	4	55円	
24	電解コンデンサ　4.700μF 35V	UFW1V472MHD	4	381円	共立電子
25	フィルムコンデンサ　1μF 63V	MKS2 63V 1.0μF	2	133円	
26	抵抗　33kΩ橙橙橙金）1/4W	MF1/4WT52 33kΩ	1	16円	
27	ネジ端子3P	XW4E-03C1-V1	2	141円	
28	ヘッダーピン2P	GS060-1021G-11	1	8円	

※表中の単価は、原稿を作成している時点のもので、時期やショップによって異なります。

パワーICは発熱しますので必ず放熱器を取り付けてください。パーツリストに記載の放熱器は幅98mm 奥行き50mm フィン高さ17mmですが、これを最小サイズとして、なるべく大型のものを使用してください。

第10章-6 アンプ基板のつくりかた

基板上のパーツレイアウトは**写真3**の通りです。
① 「パワーIC」を取り付けます。

パワーICのピンはそのままでは基板の穴とピッタリ合いません。

まず、2番～14番のピン（モールド側…黒い樹脂側から見て後ろ側のピン）を基板に
挿し込みます（**写真4**）。

次に1番～15番ピン（前側のピン）を**写真5**のように挿し込みます。7番ピンと9番ピンの間に穴1個ぶんのスキマをつくって、ピンセットを使って順に挿し込んで行きます。

すべてのピンを挿し込んだら、基板の裏側のピンをラジオペンチなどで曲げておきます（抜け落ちないように）。
②ジャンパ線を取り付けます。

配線は基板の裏側で行うのが普通ですが、回路

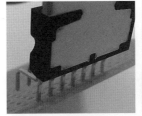

《写真4》後ろ側のピンを挿し込む

《写真5》前側のピンを挿し込む

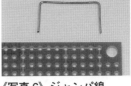

《写真6》ジャンパ線

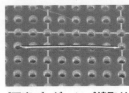

《写真7》ジャンパ線取り付け

が複雑になるとどうしても「交差」するところが出てきます。

そこで、交差する片側の配線を基板の表面に出すのですが、このときに使用する配線を「ジャンパ線」と呼んでいます。

この基板では5本のジャンパ線があります。いかにジャンパ線を少なくするか、パーツレイアウトや配線を考えるのも基板製作の楽しみですので読者の皆様もいろいろと考えてみてください。

まず、0.4mmのスズメッキ線を曲げてジャンパ線（写真6）をつくります。

次にジャンパ線を基板の穴に通して裏側で曲げておきます（写真7）。

③基板の「表面」からパワーICとジャンパ線以外のパーツを挿し込みます。

抵抗とフィルムコンデンサには極性がありません。

電解コンデンサには極性がありますので方向に注意してください。

④基板の「裏面」でパーツのリード線を曲げてパーツが抜け落ちないようにします。

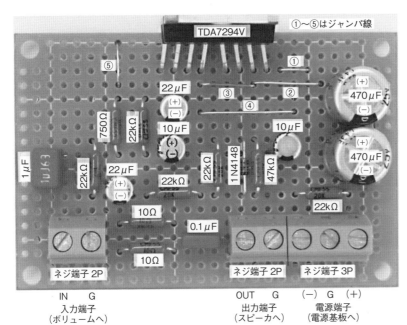

《写真3》アンプ基板「表面」のパーツレイアウト

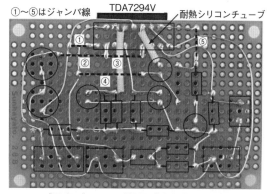

①〜⑤はジャンパ線　TDA7294V　耐熱シリコンチューブ

《写真8》アンプ基板「裏面」の配線

⑤すべてのリード線を基板「裏面」でハンダづけします。

⑥余分なリード線をニッパーでカットします。

⑦基板「裏面」の配線をします（**写真8**）。

　0.4 Φ（直径0.4mm）のスズメッキ線で配線します。

* ユニバーサル基板の配線テクニックは第4章をご覧ください。

　配線経路が狭くて他の配線と接触しそうなところは「耐熱シリコンチューブ」を被せておきます。

⑧**放熱器（ヒートシンク）の取り付け**

　パーツリストに記載の放熱器はネジ加工がされていないので M3 の雌ネジを切る必要があります。

　放熱フィンのないところに、2.5mm のドリル

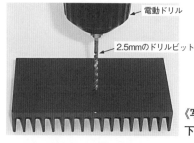

電動ドリル

2.5mmのドリルビット

《写真9》ネジの下穴をあけます

タップハンドル

M3のタップ

《写真10》M3のネジを切ります

《写真11》ネジ加工が終わった放熱器

《写真12》シリコンラバーシートを置く

《写真13》パワーICの取り付け

《写真14》絶縁ブッシュ

で下穴をあけます（**写真9**）。

　「M3」のタップで雌ネジを切ります（**写真10**）。

　アンプのケース加工にも使用できますので「M3」のタップとタップハンドルは工具箱に常備しておかれることをおすすめします。

　放熱器のネジ加工が完了しました（**写真11**）。

　ネジ穴と位置をあわせて「シリコンラバーシート」を置きます（**写真12**）。

　シリコンラバーシートはパワーICの発熱を放熱器に伝えつつ、両者を電気的に絶縁する役目がありますので、けっして省略してはいけません。

　パワーICをネジ止めします（**写真13**）。

　ネジには「絶縁ブッシュ（**写真14**）」（凸型の樹脂ワッシャ）を通してパワーICと放熱器を絶

《写真 15》アンプ基板が完成

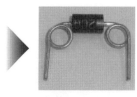

《写真 17》3mm のドリルに巻きつける

縁します。

　アンプ基板が完成しました（**写真 15**）。同じものをもう 1 台つくります。

第 10 章 – 7　電源基板のつくりかた

　基板「表面」のパーツレイアウトは**写真 16** の通りです。

① 「ダイオード」のリード線を加工します。

　ダイオードはリード線から放熱しますので短く切らずにできるだけ長いまま使用します。

　写真 17 のように 3mm のドリルにリード線を巻きつけます。基板の穴位置に合わせて長さを調整しておきます。

② 基板の「表面」からパーツを挿し込みます。

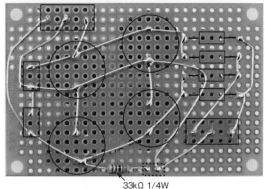

33kΩ 1/4W
《写真 18》基板「裏面」の配線

《写真 19》電源基板が
完成

　ダイオードと電解コンデンサには極性がありますので方向に注意してください。

③ 基板の「裏面」で各パーツのリード線を曲げてパーツが抜け落ちないようにします。

④ すべてのパーツを基板「裏面」でハンダづけします。

⑤ 余分なリード線をニッパーでカットします。

⑥ 基板「裏面」の配線をします（**写真 18**）。

　基板「裏面」の抵抗 33kΩ 1/4W は LED の明るさ調整用です。使用する LED やお好みの明るさに合わせて 10kΩ ～ 30kΩ の範囲で調整してください。

　筆者は CD プレーヤーなど他のオーディオ機器の明るさに合わせて 33kΩ にしました。

⑦ 電源基板の完成です（**写真 19**）。同じものを

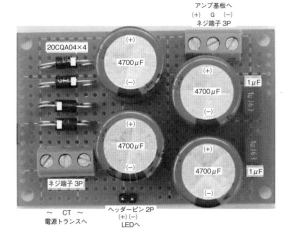

アンプ基板へ
(+)　G　(-)
ネジ端子 3P

20CQA04×4

(+)　4700μF　(-)

(+)　4700μF　(-)　1μF

(+)　4700μF　(-)

(+)　4700μF　(-)　1μF

ネジ端子 3P

～ CT ～
電源トランスへ

ヘッダーピン 2P
(+) (-)
LED へ

《写真 16》電源基板「表面」のパーツレイアウト

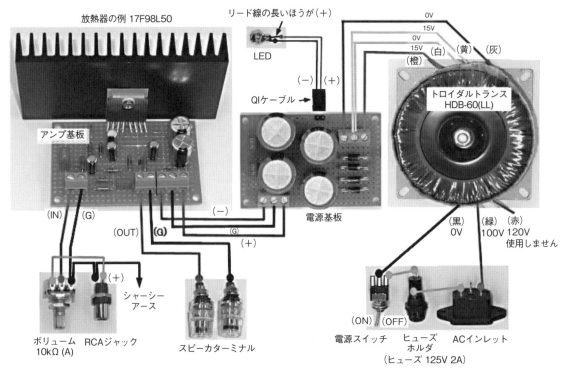

《写真20》全体の配線

もう1台つくります。

全体の配線は**写真20**を参照してください。

使用したトランスは2次巻線が2組ありますので「黄」と「白」とを接続してセンタータップとして使用しています。

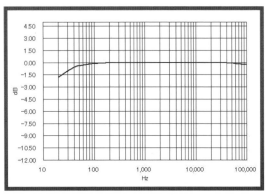

《第4図》周波数特性

●周波数特性

本機の出力1W時の周波数特性は**第4図**の通りです。

20Hzから100kHzまで-1.5dB以内におさまっています。話題のハイレゾにも十分対応しています。

●歪率特性

本機の出力対歪率特性は**第5図**の通りです。1kHzの歪率は出力15Wまで0.01%以下におさまっています。ピュアオーディオ用パワーICな

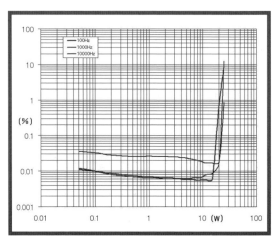

《第5図》歪率特性

《写真21》アンプ部の製作事例

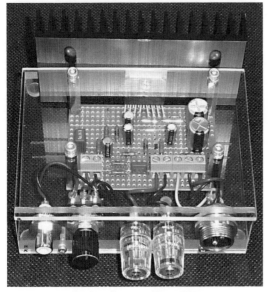

《写真22》アンプ部の後面

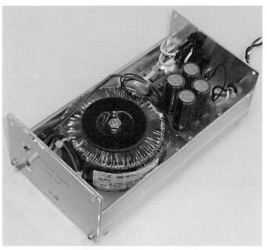

《写真23》電源部の製作事例

《写真24》デュアル・モノ・パワーアンプの完成

らではのすばらしい値だと思います。

第10章-10 製作事例

　筆者の製作事例（**写真21、22**）をご紹介します。アンプ部と電源部をセパレートにしてみました。左右チャンネルを分離したデュアル・モノアンプなのですが、さらにアンプ部と電源部を分離したので合計4ブロックになりました。アンプ部はアクリル板でサンドイッチしてみました。

　入出力端子やボリュームは**写真20**の全体配線図と同じですが、電源ラインを着脱できるように3Pのメタルコンセントを追加しています。

　電源部はアルミケースに組み込みました（**写真23**）（共立エレショップ　品番 Type106-190）。

　2組のアンプ部と電源部で構成されたデュアル・モノ・パワーアンプの完成です。

　デュアル・モノ・パワーアンプは性能、音質優先の形態ですので、ボリュームも左右別々になっていて、このままでは使い勝手が良くありません。

　そこで、**第12章**で製作するセレクタとボリュームのみで構成された「パッシブコントローラ」があれば便利です。

　写真24のいちばん右の箱がそれです。

　アンプ部と電源部をひとつのケースに収めることももちろん可能です。使い勝手に合わせて自由にデザインできるのもクラフトオーディオならではの楽しみですね。

　読者の皆様もこの事例を参考にして世界にひとつのオリジナルアンプつくりに挑戦していただければと思います。

サブウーハー用
ローパスフィルタ

● 予算／ **1,900 円**（基板のみ）

　　サブウーハー用ローパス・フィルタは、低音専用のスピーカを配したシステムで必要とされるアイテムです。料理にたとえると、コース料理を盛りつける大皿のようなものでしょうか。料理自体ではないですが、料理をおいしく食べるのに必要不可欠なもので、使い方によって料理を引き立てることができます。

第11章-1 ローパスフィルタ

　　サブウーハーをドライブするのに必要な「ローパスフィルタ」（写真1）です。

　　5cm～8cm の小口径フルレンジユニットを使ってスピーカを自作されている人も多いと思いますが、そんな皆様の悩みは「低音が出ない‥」と言うことでしょうね。

　　中～高音に不満がなくても、小口径なのでどうしても低音の再生には限界があります。

　　バスドラムがもっとドスン‼と鳴らないかなぁ

《写真1》今回製作するローパスフィルタ基板

…ウッドベースがもっと地を這うように鳴らないかなぁ…という不満が聞こえてきます。

　　そこで、100Hz 以下の周波数だけを受け持つ「サブウーハー」を追加して小型フルレンジでは出せ

ちょっと解説

3D システム

　　小型スピーカにサブウーハーを追加したシステムをピュアオーディオの世界では「3D システム」と呼んでいます。

　　3D とは 3 Dimension の略で、昨今では大型テレビに採用されている 3 次元立体映像を指すことが多いですが、オーディオの世界ではそれよりもっと以前からこのシステムのことを 3D と表現してきました。

　　米国 BOSE 社の商品が有名ですね。

　　ちなみにホームシアターの世界では「2.1 チャンネルシステム」と呼んでいますがハード的には同じものです。

　　ローパスフィルタで 100Hz 以下の低音だけを取り出し、パワーアンプを介してサブウーハーを駆動します（第1図）。

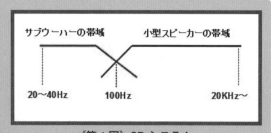

《第1図》3D システム

　　ヒトは 100Hz 以下の低音は「やってくる方向」が感知できないと言われていますのでサブウーハーは 1 台だけで OK です。

　　ですからサブウーハーはどこに置いてもいいわけで、机の下など見えないところに設置すれば小口径スピーカから豊かな低音が出ているように錯覚して愉快です。

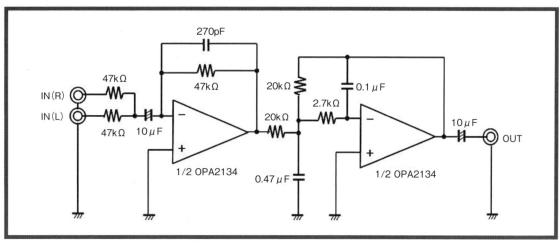

《第2図》ローパスフィルタの回路

ない低音を補ってやろうというわけです。

第11章-2　必要な工具

製作に必要な工具は以下のとおりです。

・ハンダごて（20～30Wくらい）
・ニッパー
・ラジオペンチ
・ピンセット

第11章-3　ローパスフィルタの回路

ローパスフィルタの回路は第2図の通りです。

「R」および「L」チャンネルの信号を47kΩの抵抗を通してミキシングします。

フィルタは「バターワース型」と呼ばれる二次アクティブフィルタです。

図の定数でカットオフ周波数（-3dB降下したところの周波数）100Hz、1オクターブごとに-12dB減衰するようになっています。

第6章のフォノイコライザアンプと同じくDC±12V～15Vの電源で動作します。

第11章-4　使用パーツ

使用するパーツは第1表の通りです。

オペアンプ：オーディオ機器によく使われている「OPA2134」を採用しましたが8ピン・デュアルタイプならほとんどのものが使用できます。

ICソケットを採用していますので、いろいろなオペアンプを差し替えることができます。

オペアンプのピン配置は第3図の通りです。

抵抗：「カーボン」でも「金属皮膜」でもかまいません。フィルタ部の抵抗20kΩ×2と2.7kΩは

《第1表》パーツリスト

	部品名	型番	数量	参考価格（単価）	取扱店
1	ユニバーサル基板	ICB-88	1	110円	
2	オペアンプ	OPA2134PA	1	611円	
3	ICソケット　8P	GS031-0830G-K	1	26円	
4	抵抗　2.7kΩ（赤紫黒茶茶）1/4W	MF1/4T52　2.7kΩ	1	16円	
5	抵抗　20kΩ（赤黒黒茶茶）1/4W	MF1/4T52　20kΩ	2	16円	
6	抵抗　47kΩ（黄紫黒赤茶）1/4W	MF1/4T52　47kΩ	3	16円	共立電子
7	電解コンデンサ　10μF16V（BP）	UES1C100MDM	2	24円	
8	フィルムコンデンサ　0.1μF（104）100V	MKS2-.1/100/5	1	137円	
9	フィルムコンデンサ　0.47μF（474）63V	MKS2-.47/63/5	1	127円	
10	フィルムコンデンサ　270pF（271）100V	2AUPZ271JE	1	16円	
11	ネジ端子2P	XW4E-02C1-V1	3	94円	
12	ネジ端子3P	XW4E-03C1-V1	1	141円	
13	スズメッキ線 0.5Φ 10m巻	TCW0.5 L-10	1	272円	

※表中の単価は、原稿を作成している時点のもので、時期やショップによって異なります。

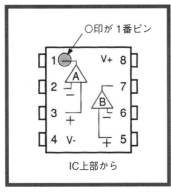

《第3図》オペアンプのピン配置

誤差1%のものを選んでください。

正確なフィルタ特性を得るためです。筆者は誤差1%のものが安価に入手できる「金属皮膜」抵抗を採用しました。

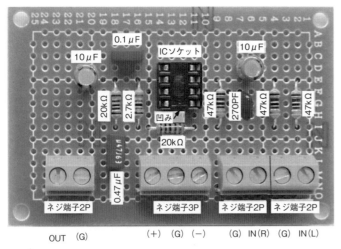

《写真2》基板（表面）のパーツレイアウト

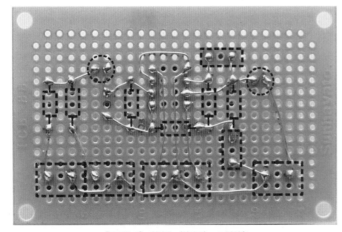

《写真3》基板（裏面）の配線

誤差1%の抵抗はカラーコードの表示が1本多くなります（4本⇒5本）。

読みかたも異なりますので注意してください。いちばん右端の「茶色」が誤差1%を示しています。

フィルムコンデンサ：「ポリエステルフィルムコンデンサ」もしくは「ポリプロピレンフィルムコンデンサ」を選んでください。

「セラミックコンデンサ」などは音質的に避けたほうが良いでしょう。

フィルタ部のコンデンサ0.47μFと0.1μFは誤差5%以下のものを選んでください。これも正確なフィルタ特性を得るためです。筆者はドイツ「WIMA」社のポリエステルフィルムコンデンサを使用しました。

電解コンデンサ：音声信号が通るので「バイポーラ」（双極性）タイプを選んでください。

第11章 -5 つくりかた

①基板の表面からパーツを差し込みます。基板上のパーツレイアウトは**写真2**の通りです。

抵抗、フィルムコンデンサおよび今回使用した電解コンデンサには極性がありません。どちらの方向に差し込んでもOKです。

「ICソケット」の方向にだけ注意してください（丸い凹みが1番ピン側）。

②基板の裏面でパーツのリード線を曲げてパーツが抜け落ちないようにします。

③すべてのリード線を基板裏面でハンダづけします。

④余分なリード線をニッパーでカットします。

⑤基板裏面の配線をします。

0.4Φ（直径0.4mm）のスズメッキ線で配線します。ユニバーサル基板の配線テクニックは**第1章**をご覧ください

写真ではわかりにくいところもありま

《写真4》完成したローパスフィルタ基板

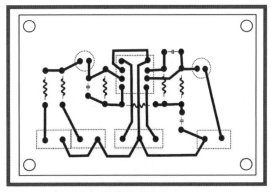

《第4図》基板裏面配線のイラスト

すのでイラスト（**第4図**）も掲載しておきます。

第11章-6 入出力端子との配線図

ローパスフィルタ基板と入出力端子との配線は**写真5**の通りです。

入出力端子と基板との距離が5cm以下なら細めの「ビニール電線」2本をよじって配線します。

5cmを超えるときはノイズ対策として「シールド線」を使用します。

第11章-7 周波数特性の計測

ローパスフィルタの周波数特性は**第5図**の通りです。

狙い通りカットオフ周波数は100Hzになっています。

そして、周波数が1オクターブ上昇するごとに−12dBで減衰しています。

サブウーハー用のローパスフィルタとして機能していることが確認できました。

第11章-8 製作事例

小型のアルミケースに組み込んでみました（写真6）（共立電子扱い　Type106-140）。

基板をアルミケースに固定するために「ペテット」を使用しました（写真7）。

基板にペテット4個をネジ止めします。ペテット裏面の強力両面テープでアルミケースに貼り付けます（写真8）。

電源は別途製作したものですが、**第7章**で製作した「レールスプリッタ基板」がおすすめです。

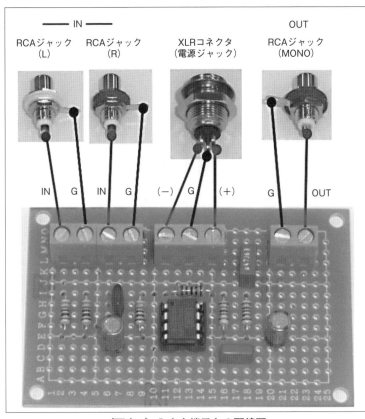

―― IN ――　　　　　　　　　　　OUT

RCAジャック　RCAジャック　XLRコネクタ　RCAジャック
（L）　　　　（R）　　　（電源ジャック）　（MONO）

IN　G　　IN　G　　（−）　G　（＋）　　G　OUT

《写真5》入出力端子との配線図

第11章-9 他の機器との接続例

3Dシステム（2.1チャンネルシステム）全体の機器接続例は**写真10**の通りです。

パッシブコントローラ（入力セレクタとボ

《写真7》ペテット

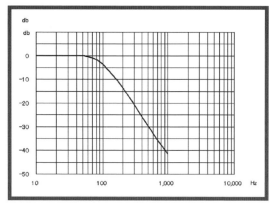

《第5図》ローパスフィルタの周波数特性

《写真8》基板にペテットをネジ止めしたところ

《写真6》アルミケースに組み込んだ製作事例

リュームで構成されたコントロールセンター）を使用すれば小型スピーカとサブウーハー両方の音量をパッシブコントローラのツマミひとつで調整できます。

小型スピーカ用アンプには**第4章**で製作したステレオパワーアンプを使用し、サブウーハー用アンプには**第10章**で製作したモノ・パワーアンプを使用しています。

もちろん、手持ちのアンプを使っていただいてもOKです。

サブウーハー用アンプにステレオアンプを使用するときは片チャンネルだけを使用することになります。　使わないチャンネルの入力端子には「ショートプラグ」を挿してノイズ対策をします。

小型スピーカには5cmユニットを、サブウーハーには16cmユニットを使

用しています。エンクロージャーはいずれも自作のバスレフ型です。

　小口径のサブウーハーでは低音が体感できませ

《写真9》ローパスフィルタユニットと電源ユニット

んので16cm以上のものがおすすめです。

　パッシブコントローラの出力を「RCA分配アダプタ」で2分配し、小型スピーカ用アンプとローパスフィルタに振り分けます。

　パイプオルガンなど小型スピーカだけでは再生できない雄大な低音を存分に味わってください。

　聴きなれた楽曲に「こんな低音が入っていたのか…」と驚かれることでしょう。

第11章-10 パーツの入手は

　パーツリスト(第1表)に記載のパーツは下記で購入できます。

第11章

サブウーハー用ローパスフィルタ

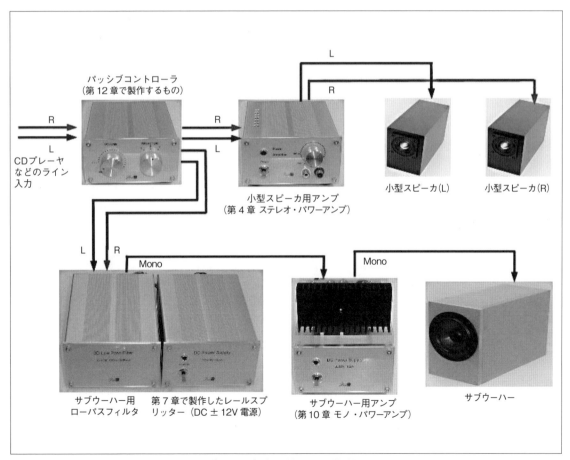

《写真10》他の機器との接続例

電源不要のプリアンプ パッシブコントローラ

●予算／8,600円（基板およびケース含む）

パッシブコントローラといいますが、乱暴にいうと単なるボリュームとセレクターに過ぎません。これらをケースに入れてコネクタをつけて、使いやすくしただけです。しかし、単純なだけに素材（部品）の品質や配線方法で性能が大きく左右されます。まるで素材や包丁さばきが勝負の伝統的日本料理のようです。

第12章-1 パッシブコントローラ

入力セレクタとボリュームだけで構成された「パッシブコントローラ」です。

アナログオーディオ時代はレコードプレーヤやFMチューナーなどの音源機器の出力電圧が低かったので（約200mV）、そのままではパワーアンプを十分ドライブすることができず、音源機器とパワーアンプの間に「プリアンプ（前置増幅器）」を接続して10倍くらい電圧を上げて（利得をかせいで）いました。

そのプリアンプに入力切換え機能と音量調整機能をもたせたものを「コントロールアンプ」と呼んで、オーディオシステムには必須のアイテムになっていたのです。

CDプレーヤが登場してからは申し合わせたように音源機器の出力が大きくなり（約2Vくらい）、音源機器だけでパワーアンプをフルパ

《写真1》パッシブコントローラー外観

ワーまでドライブできるようになりました。

その結果、プリアンプを省略して、聴きたい音源を選ぶ「セレクタ」と音量調整を行う「ボリューム」だけで構成された「パッシブコントローラ」が登場することになったわけです。

アクティブな電気回路がないのでパッシブコントローラと呼ばれます。

信号経路がシンプル＆ストレートになり、ピュアオーディオファンに好んで使用されるようになりました。

ただ、市場を見渡しますとハイエンドマニアを対象とした高額商品ばかりが目につきますので、今回は高音質でありながらローコストをめざした実用機を製作することにしました。

第4章などで製作したパワーアンプもそうですが、通常パワーアンプには入力が1系統しかありません。

このパッシブコントローラをパワーアンプの前に接続すれば3系統の入力切換えが可能になりますし、搭載したオーディオ用ボリュームで音質を劣化させずに音量調整することが可能になります。

第12章-2 必要な工具

今回のパッシブコントローラを製作するのに必要な工具は以下のとおりです。

・ハンダごて（20〜30Wくらい）

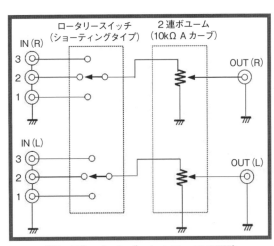

《第1図》パッシブコントローラの回路

・ニッパー
・ラジオペンチ
・プラスドライバ
・六角レンチ
・電動ドリル
・ドリルビット　3 ～ 6mm
・段つきドリルもしくは丸ヤスリ

第12章 -3　パッシブコントローラの回路

　パッシブコントローラの回路は第1図の通りです。

　トランジスタやオペアンプなど電子パーツがないので、回路はきわめてカンタンなのですが、実際に製作するとなれば、8個のRCAジャックとロータリースイッチおよびボリュームとの配線がけっこう複雑になります。

　また、アース（グランド）をどう処理するのか、シールド線の処理をどうするのかなどなど初心者にはかなりハードルが高いものなのです。

　今回はシールド線を使用せずにユニバーサル基板で配線する方法をご紹介します。

　3系統の入力信号はユニバーサル基板をつかって約5mmの距離をとって配線しますのでクロストーク（隣のチャンネルからの音モレ）を防ぐこと

ができます。

第12章 -4　パーツリスト

　使用するパーツは第1表の通りです。

　ユニバーサル基板はいつもの2倍の大きさものものを使用します。

　ボリュームは10 ～ 20kΩの「Aカーブ」のものを選んでください。BカーブやCカーブのものは音量調整がスムーズにできません。ロータリースイッチは2 ～ 4回路で3接点のものを選んでください。

　大切なのは「ショーティングタイプ」のものを選ぶことです。切換えるときに接点がどちらかの端子に必ず接触している構造になっていて、ノイズが発生しないのが特長です。

　ノンショーティングタイプを選んでしまうと、入力切換えのたびにブンというノイズが発生しますので要注意です。

　アルミケースはこの連載で使用している共立電子のものですが、お好みのケースを選んでいただいて結構です。この記事を参考にして応用してください。

　このアルミケースにはパネルも付属しているのですが、薄くてオーディオ機器らしくない？ので、ブランクアルミ板セットを別途採用しました。

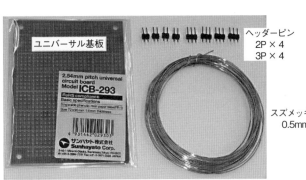

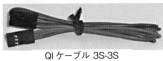

《写真2》基板および配線関連パーツ

ボリューム　10kΩ2連

ツマミ

《写真3》ボリュームおよびロータリースイッチ関連パーツ

ロータリースイッチ
4回路3接点

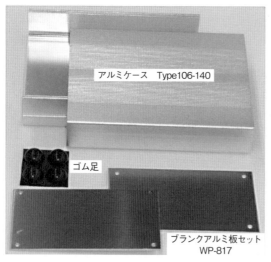

アルミケース　Type106-140

ゴム足

ブランクアルミ板セット
WP-817

《写真4》ケース関連パーツ

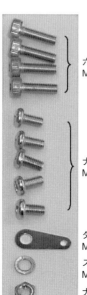

六角穴付きネジ
M3×10

ナベ小ネジ
M3×6

タマゴラグ
M3用

スプリングワッシャ
M3用

ナット
M3

《写真5》ネジ類

フロントパネルはアルミケースよりも一回り大きく、また厚みが2mmなのでオーディオ機器らしい姿になります。

基板をつくる

❶基板の「表」面からヘッダーピンを差し込んで裏面でハンダづけし、抜け落ちないようにしておきます（写真6）。

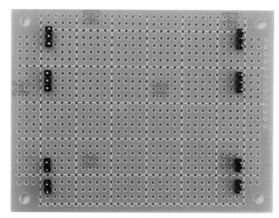

《写真6》ヘッダーピンの取り付け

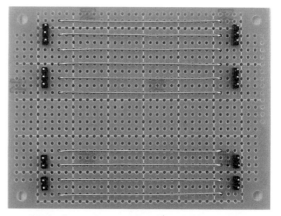

《写真7》スズメッキ線で基板「表」面を配線

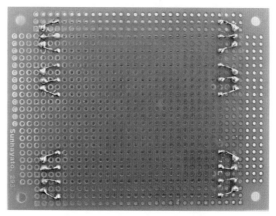

《写真8》基板「裏」面の配線

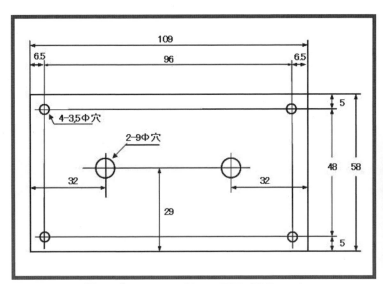

《第 2 図》フロントパネルの図面（単位 :mm）

《写真 9》段つきドリル

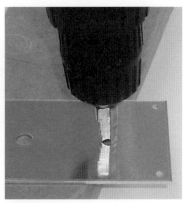

《写真 10》段つきドリルで穴加工しているところ

❷スズメッキ線で基板「表」面の配線をします（写真 7）。

❸基板「裏」面の配線をします（写真 8）。

アルミパネルの加工

❶フロントパネルの加工をします。フロントパネルの図面を**第 2 図**に示します。

「ブランクアルミ板セット」を購入されたかたは、四隅の 3.5mm φ の穴はすでに開いていますので 9mm φ の穴加工だけで済みます。

このような大径の穴加工には「段つきドリル」が

あると便利です（写真 9）。

段つきドリルで加工するとどうしても「バリ」が出てしまいますのでバリを取り除くために「面取りカッター」があると便利です（写真 11）。

どちらも高価な工具ですが長く使えますので、これから本格的にクラフトオーディオに取り組もうと思われている方は準備しておかれることをおすすめします。

《第 1 表》パーツリスト

	部品名	型番	数量	参考価格（単価）	取扱店
1	アルミケース	Type106-140	1	2,420 円	
2	ブランクアルミ板セット(フロント＆リア)	WP-817	1	712 円	
3	着せ替えパネル（任意）	色画用紙	1		
4	アクリルパネル（任意）	アクリル板　厚さ 2mm	1		
5	ユニバーサル基板	ICB-293	1	220 円	
6	ロータリースイッチ＆ボリュームセット	WP-SETVR	1	1,340 円	
7	つまみ	K-59-S-AG	2	825 円	
8	RCA ジャック（赤）	JRJ-2003BB1R 赤	4	234 円	
9	RCA ジャック（白）	JRJ-2003BB1W 白	4	234 円	
10	ゴム足	WR-GR16（4 個入り）	4	88 円	
11	ペテット	T-600	4	63 円	共立電子
12	QI ケーブル　2S-2S	311-183	1	63 円	
13	QI ケーブル　3S-3S	311-184	1	84 円	
14	ヘッダーピン　2P	GS060-1021G-11	4	8 円	
15	ヘッダーピン　3P	GS060-1031G-11	4	8 円	
16	スズメッキ線　0.5mm	TCW-0.5 L-10 (10m)	1	272 円	
17	タマゴラグ	RUG-M3	1	4 円	
18	フロントパネル取付ネジ	WP-810（六角穴付きネジ M3 x 10 4 本入り）	4		
19	タマゴラグ取付ネジ	ナベネジ M3 × 6	1		
20	ペテット取付ネジ	〃	4		
21	スプリングワッシャ	M3 用	1		
22	ナット	M3	1		

※表中の単価は、原稿を作成している時点のもので、時期やショップによって異なります。

《写真11》面取りカッター

《写真13》加工が終わったパネル

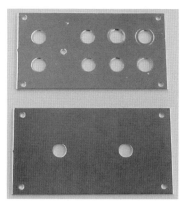

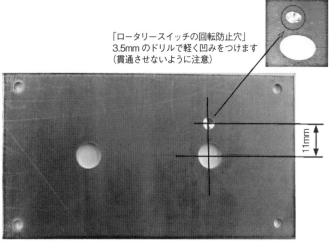

「ロータリースイッチの回転防止穴」
3.5mmのドリルで軽く凹みをつけます
（貫通させないように注意）

11mm

《写真12》回転防止の穴加工

これらの工具をお持ちでない方は、許すかぎり大径のドリル（6mm φ くらい）で穴をあけてから「丸ヤスリ」で穴径を拡大してゆきます。けっこう重労働ですがそれはそれで楽しい作業です。

❷ロータリースイッチの「回転防止」用の穴加工をします。

ボリュームと比べてロータリースイッチの操作はチカラがかかるので回転防止のためにツメがついています。このツメが入る穴を加工します。3.5mmのドリルで深さ1mmくらい削ります。貫通させないように細心の注意をはらって作業します（写真12）。

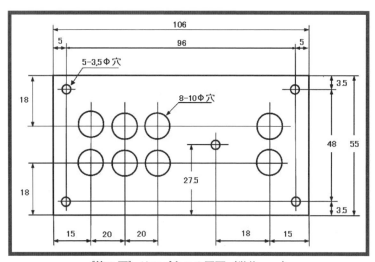

《第3図》リアパネルの図面（単位:mm）

❸リアパネルの加工をします。リアパネルの図面を第3図に示します。

フロントパネルと同じ要領で作業します。加工が終わったパネル

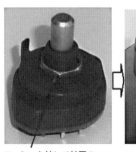

ワッシャを外して付属のナットを締め付けます

ツメを「回り止め穴」に入れます

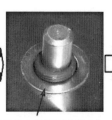

フロントパネルの表側からワッシャを乗せます

追加したナットで締め付けます

《写真14》ロータリースイッチの取り付けかた

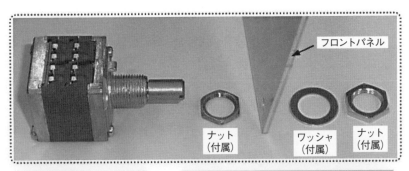

フロントパネル

ナット
（付属）

ワッシャ
（付属）

ナット
（付属）

5mm

付属のナットを写真の位置に
取り付けます

フロントパネルの穴に通してワッシャを乗せます

ボリュームのすべての端子を約 45 度に曲
げておきます

追加したナットで固定します

《写真 15》 ボリュームの取り付けかた

《写真 16》 ロー
タリースイッチ
とボリュームの
配線

を写真 13 に示し
ます。

**フロントパネルに
パーツを取り付け**

❶ロータリース
イッチを取り付け
ます。写真 14 に
ロータリースイッ
チの取り付けかた
を示します。

❷ボリュームを取
り付けます。写真
15 にボリューム
の取り付けかたを
示します。

❸ロータリース
イッチとボリュー
ムの配線をしま
す。写真 16 のよ
うに配線をしま
す。

❹ QI ケーブルの
配線をします。
QI ケーブルを
1/2 にカットしま
す。写真 17 のよ
うにハンダづけし
ます。

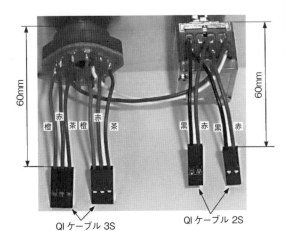

60mm

60mm

橙　赤　茶　橙　赤　　茶　　　　黒　赤　黒　赤

QI ケーブル 3S

QI ケーブル 2S

《写真 17》 QI ケーブルをハンダづけ

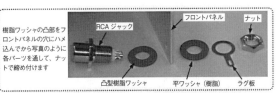

樹脂ワッシャの凸部をフ
ロントパネルの穴にハメ
込んでから写真のように
各パーツを通して、ナッ
トで締め付けます

RCA ジャック

フロントパネル

ナット

凸型樹脂ワッシャ

平ワッシャ（樹脂）

ラグ板

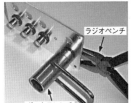

ラジオペンチ

ボックスレンチ

RCA ジャックが回転しないようにボックス
レンチで押さえながらラジオペンチでナット
を締め付けます（ボックスレンチがなければ
プライヤーやラジオペンチで代用できますが
RCA ジャックに傷をつけないよう注意します）

ラグ板のツメを直角に曲げておきます
（8 カ所）

《写真 18》 RCA ジャックの取り付け

タマゴラグ

ナット
スプリングワッシャ

写真のようにタマゴラグを取付けます。

タマゴラグの先端を直角に曲げておきます。

《写真 19》タマゴラグの取り付け

《写真 22》ゴム足の取り付け

《写真 20》アース
ラインの配線

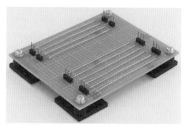

《写真 23》ペテットを取り付け

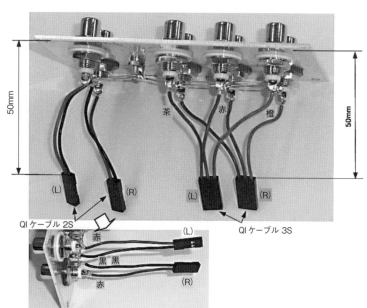

50mm

茶　赤　橙

50mm

(L)　(R)

QI ケーブル 2S

(L)　(R)

QI ケーブル 3S

(L)

赤

黒 黒

赤

(R)

《写真 21》QI ケーブルの配線

30mm

フロント
パネル

《写真 24》基板の取り付け

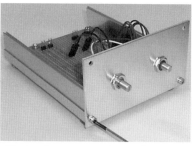

《写真 25》フロントパネルの取り付け

リアパネルにパーツを取り付けます

❶RCA ジャックを取り付けます。写真 18 に
RCA ジャックの取り付けかたを示します。

❷タマゴラグを取り付けます。写真 19 にタマゴ
ラグの取り付けかたを示します。

❸アースラインの配線をします。写真 20 にアー
スラインの配線を示します。

《写真 26》リ
アパネルの取
り付け

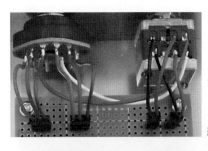

《写真 27》フロントパネルと基板間の配線

《写真 28》リアパネルと基板間の配線

《写真 29》すべての配線が終わったところ

0.5mm のスズメッキ線で RCA ジャックのマイナス（コールド）端子を接続します。タマゴラグが「1 点アース」のポイントになります。

❹ QI ケーブルの配線をします。QI ケーブルを 1/2 にカットして**写真 21** のように配線します。

ケースを組み立てます

❶アルミケースにゴム足を取り付けます。**写真 22** のようにゴム足を貼り付けます（4 カ所）。

❷基板を取り付けます。**写真 23** のように基板にペテットをネジ止

めします（4 カ所）。

写真 24 のように基板をアルミケースに貼り付けます。

❸フロントパネルを取り付けます。**写真 25** のようにフロントパネルをネジ止めします。ユニバーサル基板とアルミケース端面間に 30mm のスキマをあけたほうにフロントパネルを取り付けます。

❹リアパネルを取り付けます。**写真 26** のようにリアパネルをネジ止めします。

フロントパネルと基板の配線をします

写真 27 のように QI ケーブルのコネクタをヘッピンに挿し込みます。

リアパネルと基板間の配線をします

写真 28 のように QI ケーブルのコネクタをヘッダーピンに挿し込みます。

上部ケースの取り付け

上部のケースを取り付けて、ツマミをネジ止めしたら完成です（写真 30）。

「着せ替え・アクリルパネル」で外観にこだわる

写真 30 の状態でも使用できるのですが、外観にこだわる方のために、もうひと手間かけることを提案します。

❶「アクリルパネル」を製作します。厚さ 2mm のアクリル板を**第 4 図**のように加工します。

筆者は木工用のゼットソーでアクリル板をカットしています（**写真 31、32**）。金属用ノコよりもラクにカットできると思います。穴あけはアルミ

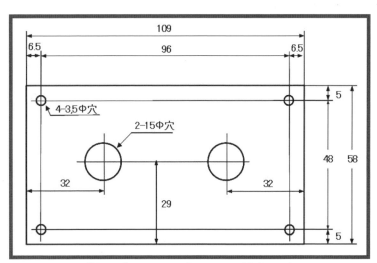

《第 4 図》アクリルパネル図面（単位 :mm）

《写真30》完成したパッシッブコントローラ

《写真31》アクリル板のカット

《写真32》加工が終わったアクリルパネル

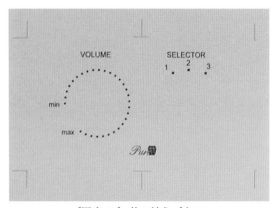

VOLUME   SELECTOR
          1 2 3

min

max

Pur

《写真33》着せ替えパネル

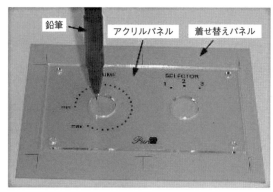

鉛筆　　　アクリルパネル　　　着せ替えパネル

①「着せ替えパネル」の上に「アクリルパネル」を置きます
　文字の位置と穴の位置が合うように置く場所を調整します
　パネル外周と丸穴（6カ所）を鉛筆などでマーキングします

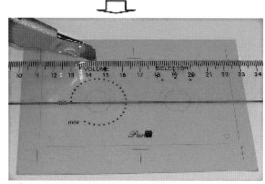

②カッターナイフで外周をカットします
　少し小さめにカットするのがコツです

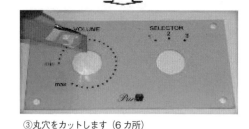

③丸穴をカットします（6カ所）
　少し大きめにカットするのがコツです

《写真34》着せ替えパネルの加工

板と同じ要領です。

❷「着せ替えパネル」を製作します。パワーポイントやイラストレーターなど自分の得意なソフトで第5図のようにデザインして、お好みの「色画用紙」にプリントします。

　筆者は100円ショップで購入した「黄色」の色画用紙にプリントしてみました（写真33）。

❸着せ替えパネルを加工します（写真34）。

❹「着せ替えパネル」と「アクリルパネル」を取り付けます（写真35）。

　気分にあわせてデザインや色を替えて楽しめるので「着せ替えパネル」と命名しました。完成した外観は写真36の通りです。

第12章-6 他の機器との接続

　音源機器やパワーアンプとの接続例を写真37に

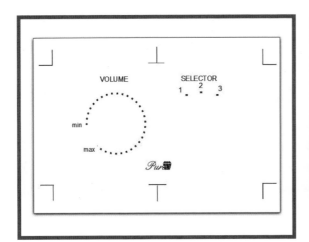

《第 5 図》着せ替えパネルのデザイン

《写真 36》完成した外観

示します。

　第 4 章で製作したパワーアンプと組み合わせてみました（写真 38）。入力 3 系統の切換えができるようになり、使い勝手が良くなりました。

　このとき、パワーアンプのボリュームは最大にしておき、パッシブコントローラのボリュームで音量調節すれば音質劣化を防げます。

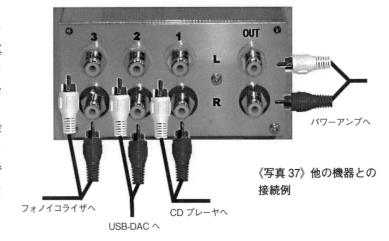

《写真 37》他の機器との
接続例

フォノイコライザへ

USB-DAC へ

CD プレーヤへ

パワーアンプへ

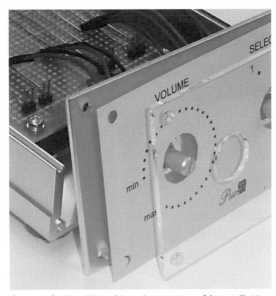

《写真 35》着せ替えパネルとアクリルパネルの取り付け

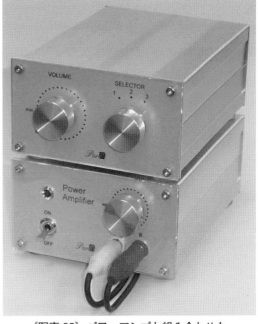

《写真 38》パワーアンプと組み合わせた

第12章　電源不要のプリアンプ　パッシブコントローラ

バスレフ型高音質スピーカシステム

●予算／ 8,000 円

バスレフ型のスピーカシステムは、バスレフ型エンクロージャーにスピーカユニットを取り付けたものです。バスレフとはバスつまり低音をレフ（反射）させるという意味ですがスピーカの後ろから出る音をダクトで共振させて同相にし、後方から出すしくみです。これにより低音が増強できます。材料（音）を無駄なく使うスローフードのようなものでしょうか。

第13章-1 スピーカがないと音は…

第4章から第12章まで、いろいろなアンプの作り方を紹介してきました。

でも、よくよく考えてみると、せっかくアンプをつくってもスピーカがなければ音を出すことはできませんので、今まで紹介してきたアンプにピッタリなスピーカを作ることにしました。

第13章-2 バスレフ型スピーカ

口径 8cm のフルレンジスピーカユニットを使ったスピーカシステムです（写真1）。

※振動版を震わせて音を出すのが「スピーカユニット」、それを収納する箱を「エンクロージャ」と呼びます。
エンクロージャにスピーカユニットを取り付けて完成させたものを「スピーカシステム」と呼んでいます。

今回製作するスピーカシステムの内部構造は写真2の通りです。使用するパーツの名前や板材の名前はこの構造図がベースになっています。

《写真1》今回製作するスピーカシステムの外観

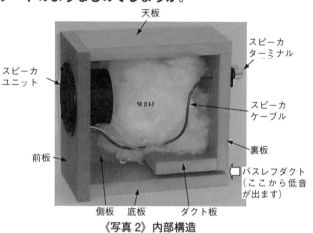

《写真2》内部構造

スピーカユニットは、ひとつの振動板で低音から高音までを受け持つ「フルレンジ」（もしくは「シングルコーン」）と呼ばれているものを使用します。

エンクロージャは「バスレフ」型と呼ばれている構造にしました。

「バスレフダクト」と呼ばれる「穴」で低音を共振させて、小型のエンクロージャでも豊かな低音を出せるしくみになっています。

スピーカユニットが片チャンネルに1個だけなので比較的カンタンにつくることができます。初心者におすすめできるだけでなく、ベテランマニアの方にも満足いただける音質をめざしました。

第13章-3 使用するパーツと板材

使用するパーツと板材は第1表の通りです。な

お、部品表に載っているものほかに木工用ボンドや塗装が必要な場合はペンキなどが必要になります。

スピーカユニットは共立電子で販売されている口径8cmのフルレンジユニット「WP-FL08」（写真3）を選びました。

《写真3》スピーカユニット「WP-FL08」

このクラスのユニットは高域にエネルギーが偏った、軽快な明るい音を狙ったものが多いのですが、裏を返すと賑やかで聴き疲れする音になりがちです。

《写真4》スピーカターミナル

今回選んだユニットは低域から高域までバランスのとれた自然で素直な音が特長で、パッと聴いたときのインパクトはありませんが、高解像度とやわらかさを併せ持つ、ハイエンドスピーカのような上質な音だと思います。

《写真5》スピーカケーブル

スピーカターミナルやスピーカケーブルは手持ちのものを使用されても結構です（写真4、5）。

そのときはエンクロージャ「裏板」のターミナルの穴位置を使用されるターミナルに合わせて変更する必要があります。

エンクロージャの板材は厚さ15mmの「MDF」（写真6）を使用しました。

硬くて緻密で加工しやすく安価なわりには音が良いのが特長です。

そのほかにも「ホワイトバーチ」合板や「パイン（米松）」集成材もエンクロージャの素材としておすすめです。

ホワイトバーチ（写真7）は「フィンランドバーチ」や「ロシアンバーチ」として産地の名前で呼ばれています。

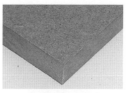

《写真6》MDF

見た目はベニヤ板のようですが、繊維が緻密で、硬質で、響きが美しく、ベニヤ板とはまったく別物です。

よいことづくめなのですが、硬すぎて加工が大変なので電動工具が必須になります。

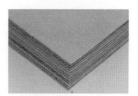

《写真7》ホワイトバーチ合板

パイン集成材（写真8）は入手しやすくて加工もカンタンですので初心者におすすめです。

《写真8》パイン集成材

ただし、やわらかい素材なので響きがニブくなる傾向があります。

その他「杉」、「桧」や「ラワン」などの単板もホームセンターなどで販売されていますが、時間が経つと「割れ」や「反り」が発生しますのでエンクロージャ用としてはおすすめできません。

エンクロージャ2台分すべての板材を切り出すには900×400mmくらいの板があればOKです。

定尺と呼ばれている900×1,800mmの板を1/4にカットした900×450mmの板が販売されていますのでそれを利用されるとよいでしょう。

第13章-4 板材の加工

板材の寸法を写真9に示します。必要な工具は加工工程ごとに紹介していきます。

ノコギリを使って「手」で切ることもできますが、「直角」に切るのは初心者には難しいのでホームセンターなどでカットしてもらうことをおすす

《第1表》パーツリスト

	部品名	型番	数量	参考価格（単価）	取扱店
1	スピーカユニット	WP-FL08(2台一組)	1	4,950円	共立電子
2	スピーカターミナル	ATS-89111AG	2	770円	
3	スピーカケーブル	AT7420(長さ1m)	1	194円	
4	スピーカターミナル取付ネジ	ナベタッピング M3×10	4		
5	板材(MDF)	450mm×900mm 厚さ15mm	1	1,200円	

※表中の単価は、原稿を作成している時点のもので、時期やショップによって異なります。

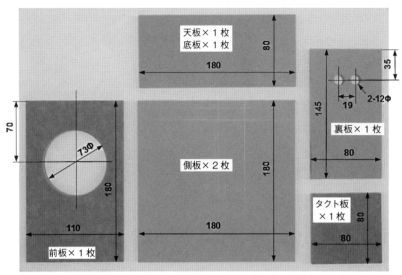

《写真9》板材の寸法（1台分）（単位：mm）

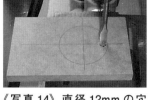

《写真14》直径12mmの穴をあける

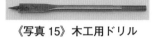

《写真15》木工用ドリル

《写真16》木工用ドリル

《写真17》スピーカユニット取り付け穴のカット

めします。

丸穴まで加工してもらえればラッキーなのですが、そこまではダメでも「四角い」板だけはカットしてもらいましょう。

スピーカユニットを取付ける直径73mmの丸穴は、筆者は「自在錐」（写真10）という工具を使用しました。

《写真10》自在錐

これを「電動ドリル」もしくは「ボール盤」に取付けて加工します（写真11）。

自在錐がないときは「引き回しノコ」を使って「手」でくり抜きます。

作業の順序として、まずコンパスで穴位置をマーキングします。

《写真11》自在錐で丸穴をあけているところ

次に、引き回しノコの歯が通るように直径12mmの穴をあけます（写真14）。

工具は「木工用ドリル」を使用します。写真15、16のような形状のものがありますがど

《写真12》引き回しノコ

《写真13》コンパスで穴位置をマーキング

ちらでもOKです。

筆者は100円ショップで購入しました。

次にマーキングに沿って「引き回しノコ」で切り抜きます。

自在錐での加工と比べて時間は数10倍かかりますが、これこそ手づくりの原点と言えるでしょう。

次に「裏板」のスピーカターミナルの穴あけをします。

これは写真14と同じ要領です。これで板材の準備ができました。

第13章-5 エンクロージャの組み立て

①「裏板」に「ダクト板」を接着します。

「ダクト板」の接着面にボンドを塗って、「手」で押さえつけながら位置を合わせます（写真18、19）。

「ダクト板」が直角になっているか「直角定規」で確認します（写真20）。

側面にハミ出たボンドは「濡れ雑巾」で拭きとっておきます（写真21）。

ボンドの乾燥を待ちます（ボンドの色が白色⇒透明になるまで）。

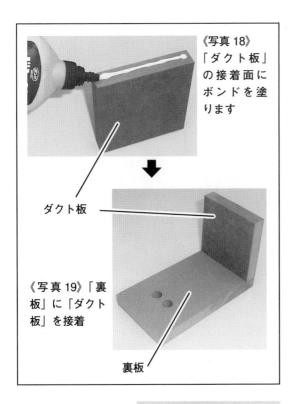

《写真18》「ダクト板」の接着面にボンドを塗ります

ダクト板

《写真19》「裏板」に「ダクト板」を接着

裏板

天板

側板

《写真22》「側板」に「天板」を接着

《写真23》裏板を取り付けるところにハミ出たボンドを拭き取ります

以下、他の木材も同じ要領で接着・組立していきます。

②「側板」に「天板」を接着します（写真22）。

「裏板」を取り付けるところにハミ出たボンドも乾かないうちに「濡れ雑巾」で拭き取っておきます（写真23）。

③「側板」と「天板」に「裏板」と「ダクト板」を接着します。

工程①で組立てた「裏板」と「ダクト板」を工程②で組立てた「側板」と「天板」に接着します（写真24、25）。

④「側板」に「底板」を接着します（写真26）。

《写真20》直角定規で確認

《写真21》ハミ出たボンド

ダクト板

裏板

《写真24》接着面にボンドを塗って

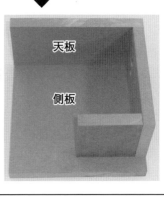

天板

側板

《写真25》「裏板＋ダクト板」を「側板＋天板」に接着

⑤もう1枚の「側板」を接着します（写真27）。

⑥「前板」を接着します（写真28）。

このとき前板の上下方向を間違えないように注意します。「内部構造」の写真のように「スピーカユニット」の穴が「バスレフダクト」の反対側になるようにします。

⑦「スピーカターミナル」取り付けネジの下穴をあけます。

Step1 スピーカターミナルを取り付け場所に置

《写真 26》「側板」に「底板」を接着

《写真 27》もう1枚の側板を接着

《写真 28》「前板」を接着

《写真 29》取り付け穴の位置をマーキング

《写真 30》2.5mm のドリルで穴あけ

《写真 31》ネジ穴の位置をマーキング

《写真 32》2.5mm のドリルで穴あけ

いて、ネジ穴の位置を鉛筆などでマーキングします（2 カ所）（**写真 29**）。

Step2 その後、2.5mm のドリルで貫通穴をあけます（2 カ所）（**写真 30**）。

⑧「スピーカユニット」取り付けネジの下穴をあ

けます。

Step1「スピーカユニット」を取り付け場所に置いて、ネジ穴の位置をマーキングします（4 カ所）（**写真 31**）。

Step2 その後、2.5mm のドリルで貫通穴をあけます（4 カ所）（**写真 32**）。

⑨「スピーカケーブル」を「スピーカターミナル」の端子にハンダづけします。

Step1 スピーカケーブルを約 25cm の長さにカットして、「青色」と「銀色」のケーブルに切り離します。

Step2 スピーカ

《写真 33》スピーカケーブル

《写真 34》スピーカターミナルルに予備ハンダ

《写真 35》ハンダづけ

ケーブルの先端の被覆を約 7mm はがして、予備ハンダ（ハンダメッキ）をします（**写真 33**）。

Step3 スピーカターミナルの端子にも予備ハンダをします（**写真 34**）。

Step4 両者をハンダづけします（**写真 35**）。赤色の端子には銀色、黒色の端子には青色のケーブルを接続します。

⑩「スピーカターミナル」を「裏板」に取り付けます（**写真 36、37**）。

《写真 36》スピーカケーブルを穴に通します

《写真 37》ネジで取り付けます

⑪「吸音材」を入れます。

スピーカユニット取り付け穴から「吸音材」を入れます（写真 38）。

オーディオ用として販売されている吸音材でも良いのですが、筆者は100 円ショップで売られている「手芸わた」（写真 39）を使用しました。

あまり多く詰めすぎると低音が出なくなりますので、内部構造写真のように「ふんわり」と入れるのがコツです。

《写真 38》「吸音材」を入れます

⑫「スピーカユニット」を取り付けます。

Step1「スピーカユニット」の端子に予備ハンダをします（写真40）。

Step2「スピーカケーブル」を「スピーカユニット」の端子にハンダづけします（写真41）。端子には極性表示（＋）（－）があります。大きい端子⇒銀色、小さい端子⇒青色のケーブル（写真では灰色）を接続します。

Step3「スピーカユニット」をネジ止めします。（4 カ所）

スピーカユニットに

《写真 39》手芸わた

《写真 40》端子に予備ハンダ

《写真 41》スピーカケーブルをハンダづけ

《写真 42》「スピーカユニット」の取り付け

《写真 43》完成したスピーカシステム

付属しているネジを使ってプラスドライバで取り付けます。一度に締め付けず、対角線の順に少しずつ締め付けてゆきます（写真 42）。

⑬これで完成です（写真 43）。

もう 1 台も同じ要領で製作します。

第13章 - 6 仕上げの事例

木材そのままではなくて、塗装などの仕上げを施して、「世界にひとつ」のスピーカシステムを完成させましょう。

100 円ショップで購入した「リメイクシート」を貼って仕上げた事例を紹介します。

仕上げ作業は「スピーカターミナル」と「スピーカユニット」を取付ける前に行います。

①「カンナ」をかけて、すべての「角」を45度に削ります（写真 44）。

《写真 44》「カンナ」ですべての角を削ります

第13章　バスレフ型高音質スピーカシステム

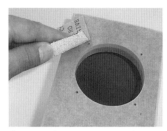

《写真45》サンドペーパーで
角を丸く仕上げます

《写真46》下塗り
シーラー

《写真51》リメ
イクシート

《写真52》タオルなどで空気を
押し出しながら貼って行きます

《写真47》塗装
のようす

《写真48》前板の塗装

《写真49》裏板の塗装

《写真53》リメイクシート貼り終了

《写真54》スピーカガード「WP-SG082」

「カンナ」がなければ「サンドペーパー」でも
OK です。

②「サンドペーパー」で角を丸
く仕上げます。

「100 番」、「240 番」、「400 番」
の順で磨いていきます（写真
45）。

③塗装をします。

　MDF に限らず、木材は切断
面から吸水しますので、いきな
り塗装せずに「シーラー」（写真46）で「下塗り」
します。

《写真50》水性
塗料

　シーラーはホームセンターなどで購入できます。

　シーラーの乾燥を待って「上塗り」します（写
真47 〜 49）。100 円ショップで購入した黒色の
水性塗料（写真50）を使用しました。

④「リメイクシート」を貼ります。

　100 円ショップで購入した「リメイクシート」
を貼ります（写真51 〜 53）。

　「壁紙」の小サイズ版で 45 × 90cm の大きさで
した。

　これ 1 枚でスピーカ 2 台分に使えます。「木目」
や「レンガ」などいろんなデザインのものが揃っ
ていますので、インテリアに合わせて選ぶことが
できます。

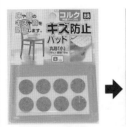

《写真 55》コルク
パッド

《写真 56》底面にコルク
パッドを貼る（4 カ所）

⑥家具などのキズ付き防止のために底面に「コル
クパッド」を貼ります（写真 55、56）。

これも 100 円ショップで購入できます。

⑦仕上げが完成しました（写真 57）。

第13章-7 セッティングする

サイドボードの上にセッティングしてみました
（写真 58）。

音源は共立電子で販売されている「オーディオ
専用 PC 組立キット　WP-APC-02」です。

シングルボードコンピュータ「Raspberry Pi」
と「タッチパネルディスプレイ」それにハイエン
ド DAC「TerraBerry DAC2+」を透明のアクリ
ルベースに組み込んだものです。

USB メモリに取り込んだ楽曲をタッチパネル
で選曲し、アナログ信号に変換して出力します。

アンプは第4章で製作したものを使用しまし
た。

クラシックからポップス、ジャズ、歌謡曲まで幅
広いジャンルの音楽を聴いてみましたが8cm ユ
ニットとは思えないくらいの迫力ある低音です。

パイプオルガンやウッドベースも問題なく再生
します。女性ボーカルもヒステリックにならず、
しっとりと上品に聴かせます。

初心者はもちろんベテランマニアの皆様にも寝
室や書斎のサブシステムとして違和感なく使って
いただける音質だと思います。

この製作事例を参考にしていただいて、読者の
皆様がそれぞれのアイデアとセンスで世界に一つ
のスピーカシステム作りを楽しんでいただけまし
たら幸いです。

《写真 57》仕上げが終わったスピーカシステム

筆者宅はマンションで白壁なので「ギンガム
チェック」柄を選んでみました。

⑤「スピーカガード」を取り付け

「スピーカユニット」を傷つきや凹みから防ぐ
ために「スピーカガード」を採用しました。

「スピーカユニット WP-FL08」専用のもの（写
真 54）が共立電子から販売されています。

「スピーカユニット」と取り付けネジ穴の位置
が同じなので「スピーカユニット」と重ねて「ス
ピーカガード」に付属しているネジで「共締め」
します。

《写真 58》セッティングしたところ

第13章　バスレフ型高音質スピーカシステム

USB-DAC 基板でパソコン が高音質音源に変身 !!

● 予算／ 4,500 円

従来は、オーディオ機器としては音質の面から脇役だった、パソコンやタブレット、スマホといったものが、USB-DAC を使うことによって主役を務められるようになってきました。差し詰め、USB-DAC は本来主役足りえない食材を主役に引き立てる高級香辛料でしょうか。

第14章 – 1 USB-DAC とは

ひと昔前はオーディオ用の音源機器といえば「レコードプレーヤー」や「CDプレーヤー」、「FMチューナー」が一般的でした。

昨今ではそれらに取って代わって「パソコン」が主役の座を占めているようです。

CD をリッピング (CD の音楽データをパソコンに取り込むこと) したり、有料・無料のサイトから好きな楽曲をダウンロードしたり…と手軽に楽曲を入手できるだけでなくて、マウスやタッチパネルで簡単に選曲できるので使い勝手も格段によくなりました。

パソコンのリアパネルには「ライン出力端子」や「ヘッドホン端子」がありますので、その出力をアンプに接続して使っているかたもいらっしゃ

るでしょう。

このように、パソコン内部にもデジタル信号をアナログ信号に変換する「DA コンバータ」(Digital Analog Converter) が組み込まれているのですが、さらなる高音質を実現するためには「外づけ」の DA コンバータの使用をおすすめします。

パソコンの「USB」端子に接続して使用する DA コンバータなので「USB-DAC」と呼ばれています。

第14章 – 2 使用する USB-DAC 基板は…

共立電子から販売されている USB-DAC 基板完成品を使用しました。

・品番　WP-UDAC2706
・価格　3,850 円（税込）

パソコンから供給される USB の電源で動作しますので、外部電源は不要です。

USB ケーブルでパソコンに接続すれば自動認識しますので、めんどうな設定作業も不要です。

「Windows」と「Macintosh」、「Linux」に対応しています。

心臓部である DAC-IC には、音質に定評のある、米国バーブラウン社の「PCM2706」が採用されています。

対応フォーマットは 16bit 48kHz/44.1kHz で、CD のフォーマットをクリアしています。

いわゆるハイレゾには対応しておりませんが、

《写真1》USB-DAC 基板完成品

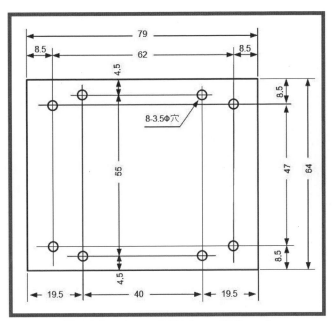

《第 1 図》アクリル底板の加工（単位 :mm）

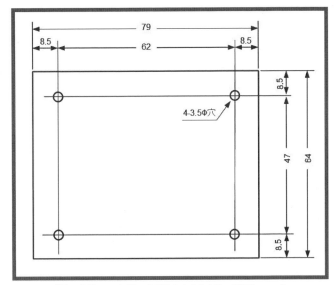

《第 2 図》アクリル天板の加工寸法（単位 :mm）

《写真 2》USB-DAC 基板をアクリル底板に取り付けた

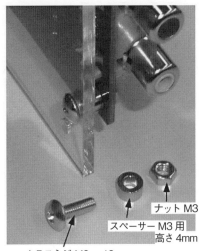

《写真 3》トラスネジとスペーサで基板を浮かせる

トラスネジ M3 × 10
スペーサー M3 用 高さ 4mm
ナット M3

CD フォーマットはヒトの性能を超えていますので、私個人的には、一般家庭で音楽を楽しむレベルであれば CD フォーマットで充分ではないかと思っています。

そこで、基板のままでは使い勝手がよくないのでアクリル板でサンドイッチしてみました。

「アクリル底板」の加工寸法は、第 1 図の通りです。

厚さ 3mm の透明アクリル板をゼットソーでカットして、切断面をサンドペーパーで仕上げました。

おなじく「アクリル天板」の、加工寸法は、第 2 図の通りです。

アクリル底板に USB-DAC 基板をネジ止めします（写真 2、3）。

アクリル底板にネジスペーサを取り付けます（写真 4、5）。

アクリル天板を取り付けたら完成です（写真 6）。

六角穴付きネジ M3 × 6 を使用しました。

パソコンおよびアンプとの接続は、第 3 図の通りです。

第 14 章 -3　Windows PC 接続時チェック

Windows パソコンに接続したときの動作

第 14 章　USB-DAC 基板でパソコンが高音質音源に変身 !!

《写真4》底板にスペーサをネジ込む

《写真5》トラスネジとスペーサ

トラスネジ　M3×6

ネジスペーサ
M3×20

《写真6》アクリル天板を取付けて完成

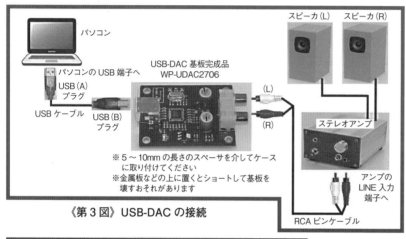

パソコン

パソコンのUSB端子へ

USB（A）
プラグ

USBケーブル

USB（B）
プラグ

USB-DAC基板完成品
WP-UDAC2706

スピーカ（L）　スピーカ（R）

（L）

（R）

ステレオアンプ

アンプの
LINE入力
端子へ

RCAピンケーブル

※5〜10mmの長さのスペーサを介してケース
　に取り付けてください
※金属板などの上に置くとショートして基板を
　壊すおそれがあります

《第3図》USB-DACの接続

チェックの方法を第4図に
示します。

■ Mac接続時のチェック

　Macパソコンを使用した
ときの動作チェックの方法
を第5図に示します。

■ Linux PC接続時の
チェック

　Linuxパソコンを使用し
たときの動作チェックの方
法を第6図に示します。

■ セッティング

　タブレットパソコンと接続してセッティン
グしてみました（写真10）。

　私が愛用しているWindows10のタブレッ

Step1　パソコンを起動します。
Step2　「パソコン」と「USB-DAC基板」をUSBケーブル（USB Type A-Bで）
　　　　接続します。→基板のLEDが点灯します。
Step3　「コントロールパネル」を開きます。
　　　　・Windows Vista、7：「スタート」　をクリック。コントロール
　　　　パネル」を開きます。
　　　　・Windows 8.1：「エクスプローラー」　をクリック。コントロー
　　　　ルパネル」を開きます。
　　　　・Windows10：「スタート」　をクリック。→「Windows管理ツール」
　　　　の中の「コントロールパネル」にある「サウンド」をクリックし「再
　　　　生」画面を表示させます。
Step4　「コントロールパネル」の中にある「サウンド」をクリックし「再生」
　　　　画面を表示します。
Step5　Windowsメディアプレーヤーなどの再生ソフトでCDと変わらない
　　　　高音質をお楽しみください。

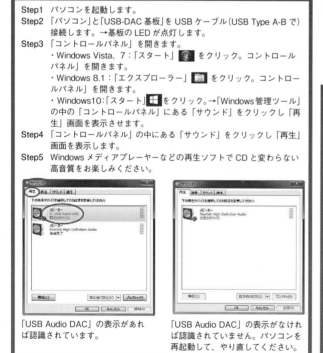

「USB Audio DAC」の表示があれ
ば認識されています。

「USB Audio DAC」の表示がなけれ
ば認識されていません。パソコンを
再起動して、やり直してください。

《第4図》Windows PCとの接続時の動作チェック

Step1　Macを起動します。
Step2　「パソコン」と「USB-DAC基板」をUSBケーブル
　　　　（USB Type A-Bで）接続します。→基板のLEDが
　　　　点灯します。
Step3　「システム環境設定」→「サウンド」を表示します。
　　　　「出力画面」で「USB Audio DAC」を選びます。
Step4　iTunesなどの再生ソフトでCDと変わらない高音質
　　　　をお楽しみください。

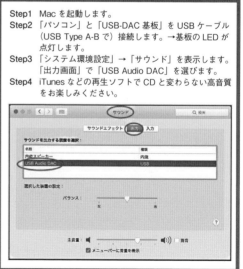

《第5図》Mac接続時の動作チェック

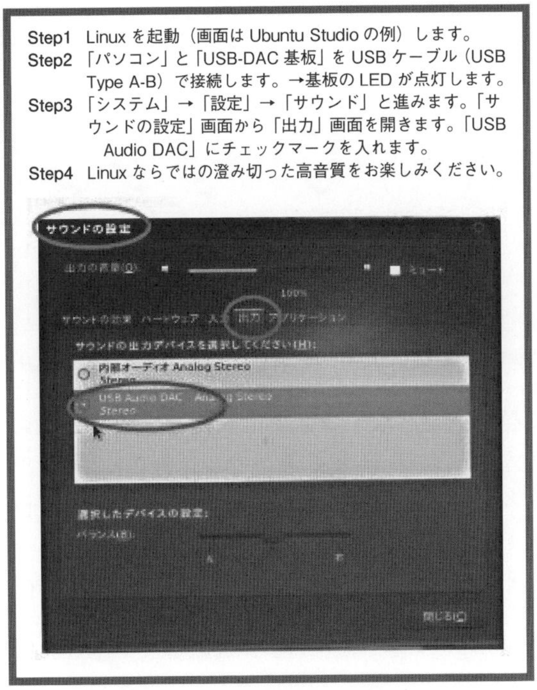

Step1　Linux を起動（画面は Ubuntu Studio の例）します。
Step2　「パソコン」と「USB-DAC 基板」を USB ケーブル (USB Type A-B) で接続します。→基板の LED が点灯します。
Step3　「システム」→「設定」→「サウンド」と進みます。「サウンドの設定」画面から「出力」画面を開きます。「USB Audio DAC」にチェックマークを入れます。
Step4　Linux ならではの澄み切った高音質をお楽しみください。

《第 6 図》Linux PC 接続時の動作チェック

トパソコンに USB-DAC を接続し、アンプ、スピーカと組み合わせてセッティングしてみました。

インターネットに常時接続しておけば、「ラジコ」などで全国の FM 放送やラジオ放送を CD なみの音質で楽しめます。

アンプは第 4 章で紹介したパワーアンプ、スピーカエンクロージャーは共立電子から販売され

ている組立キット「WP-SPALP5」でスピーカユニットはマークオーディオ「Alpair-5v3SS」です。

デスクトップで場所をとらず、ハッとするような鮮烈な音を楽しめます。

第 14 章 - 4　より良い音で楽しむために…

パソコンに音楽データを取り込むとき、「MP3」などの不可逆圧縮形式を使用せずに「WAV」(無圧縮) や「FLAC」(可逆圧縮) などの形式で取り込むと音質劣化を防げます。

Windows パソコンの場合、標準装備されている再生ソフト (Media Player など) を使用するのが一般的ですが、より高音質なフリーソフトがネットで簡単に入手できますので使用してみられることをおすすめします。

有名な「Foobar2000」や「Media Monkey」などが無料で使用できますし、入手方法や使用方法もネットでくわしく紹介されています。

ちなみに私は Foobar2000 を愛用しています。解像度が高く、スカッとした音が魅力的です。

第 14 章 - 5　USB-DAC の部品

第 1 表にこの USB-DAC で使用する部品一覧を示します。

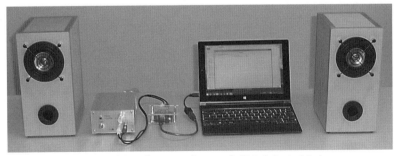

《写真 10》タブレットパソコンと組み合わせてみた

《第 1 表》部品表

部品名	型番・規格	数量	参考価格（単価）	購入先例・備考
USB-DAC	WP-UDAC2706	1	3,850 円	共立電子
スペーサ	SJE-304 M3 × 4mm	4	16 円	
ネジスペーサ	SBA320 M3 × 20mm	4	33 円	
ナット	M3(20 個入り)	4	123 円	
アクリル板	160mm × 180mm 厚さ 3mm	1	369 円	光（Hikari）アマゾン
トラス小ネジ	M3 × 6mm	8		
トラス小ネジ	M3 × 10mm	4		
合計予算　4,678 円				

※表中の単価は、原稿を作成している時点のもので、時期やショップによって異なります。

第14章　USB-DAC基板でパソコンが高音質音源に変身 !!

KT-88 シングル・モノパワーアンプ

● 予算／**31,000 円** *（アンプ基板・電源基板）*真空管含む。ステレオ対応の場合
● 予算／**40,000 円**（木製ケース・トランス他）

　本書の締めくくりして、ルックスも内容も本格的な真空管パワーアンプを製作します。基板だけでなく、高級感のあるケースも作ってパーツを収めます。また、あえてモノラル仕様として、チャンネルセパレーションなどの諸特性の改善も図り、本格的に使用できるアンプシステムを目指します。

　料理に例えると、豪華なコース料理というより、テーマを絞り込んだアラカルト料理のうまい組み合わせのようなものでしょうか。

第15章-1 KT88 シングルアンプ基板の製作

■15-1-1　このアンプの特徴

　外観は昭和レトロ、中身は令和モダン、そのギャップが楽しい手作りならではの真空管アンプです。以下に簡単に紹介していきます。シンプルな回路で、さらに作りやすいよういろいろ工夫をしています。

大型真空管 KT88 使用

　前述しましたように、大型真空管「KT88」をつかって、「これぞ真空管アンプ‼」と思わせるルックスと音質を追求した本格的なパワーアンプを作っていきます。

　一般的な真空管アンプといえば四角い「弁当箱型シャーシ」の上に真空管やトランスを取り付けて、シャーシの裏側からパーツを空中配線する・・・というものがほとんどでした。シャーシ内部を眺めると、まるでジャングルのようで、これを見ただけで初心者は腰が引けてしまいます。

　周辺パーツとの配線もビニル電線を長々と引き回しせねばならず、ノイズ対策には高度な配線テクニックを要求されます。

ユニバーサル基板で作りやすく

　そこで、今回は「ユニバーサル基板」をつかっ

《写真 1》基板の外観

て製作します。半導体アンプをつくるときと同じ要領ですので、若い読者の皆様にもとっつきやすいのではと思います。

　パーツのほとんどが基板の上にありますし、配線距離は最短になります。組み立てたあとの各部の電圧チェックも基板の上で可能です。弁当箱型シャーシならシャーシを逆さにするか横向けなければ電圧チェックができません。

今回はモノラル構成に

　もうひとつ、このアンプは以下の理由によりモノ（モノラル）構成とします。

1. モノにすることにより電流容量の少ない安価な電源トランスを採用することができ、ローコストにできること
2. シングルアンプの泣き所であったチャンネルセパレーションを根本的に解決できること

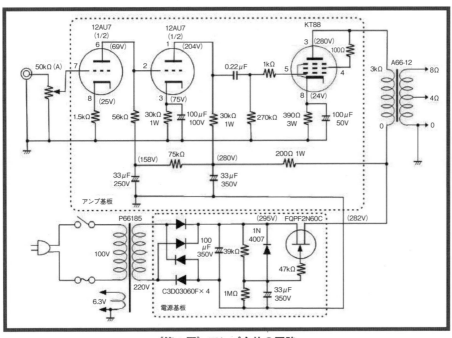

《第1図》アンプ全体の回路

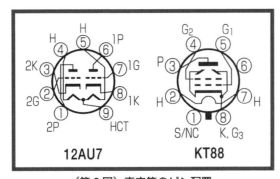

《第2図》真空管のピン配置

同じようなサイズのチョークコイルと大型ケミコンを使っていましたが、昨今ではこんな小さな基板1枚でそれらをはるかに上まわる高性能な電源をつくることが可能になりました。

令和モダンそのものの電源基板です。

■ 15-1-2 アンプ全体の回路

アンプ全体の回路は第1図の通りです。第2図に各真空管のピン配置を示します。オペアンプのピン配置図は上から見たものですが、真空管のピン配置図は下から（ピン側から）見たものですので注意してください。

KT88は3結で

出力管に何を選ぶか迷うところですが、音質、ルックス、価格および入手のしやすさから今回は「KT88」を選びました。

1956年の開発間もない頃は、海外製の高級アンプに採用され、庶民にはあこがれの真空管でした。

「KT88」は5極管ですが、スクリーングリッドをプレートに接続して「3極管」として動作させています（3極管接続、もしくは3結と呼ばれています）。

本来の5極管動作に比べて出力は半分に減少しますが、3極管ならではの奇数次歪の少ない「ソフトで自然な、疲れない音」を実現することができます。

3極管接続により、裸特性が大きく改善できるので、負帰還（NFB）を採用する必要がなくなりました。無帰還ならではのスカッと抜けた、抑圧感のない自然で素直な「KT88の素顔の音」を

があげられます。

ステレオにするにはモノアンプを2台つくる必要がありますが、アンプを左右のスピーカーの近くに設置できるので、スピーカーケーブルによる音質への影響を最小限にできるなどモノアンプならではのメリットがあります。

今回つくる基板の外観は写真1の通りです。

左側がアンプ基板、右側が電源基板です。大型出力管とドライバー管を1枚の基板の上に乗せることができました。

電源基板は最新の高耐圧ショットキーバリアダイオードとMOS-FETをつかったリップルフィルタで構成しました。

昔は整流管という2極真空管と出力トランスと

楽しむことができます。

　オーディオ用途の3極管、たとえば「2A3」や「300B」などは高嶺の花になってしまいましたが、5極管はギターアンプなど電子楽器用途の需要がありますので安価に大量に流通しています。入手しやすい5極管を3極管として活用するのも現代風ではないかと思います。

　前段は双3極管「12AU7」をつかった直結回路で、終段の「KT88」を強力にドライブします。

　電源回路は現代風そのものです。シリコンカーバイドを原料にした高耐圧のショットキーバリアダイオードの価格がこなれてきましたので採用することができました。

　4個でブリッジ整流して、MOS-FETをつかったリップルフィルタを通します。整流管とチョークコイルで構成された昭和時代の回路とはまったく異なります。リップルをほぼ皆無にできますので真空管アンプにありがちなブーンというハムノイズとは無縁になりました。サイズもコストも比較にならないくらい進化したと思います。

■15-1-3 アンプ基板の製作

　それでは、アンプ基板から作っていきましょう。アンプ基板に必要なパーツは**第1表**の通りです。

モノアンプを2台つくる

　本機はモノアンプですが、実際には2台製作してステレオ対応にしますのでパーツリストは2台分の数量になっています。

　真空管はネットなどでいろいろなところから販売されていますが、初心者は「目利き」ができないので信頼のおける販売店から購入されることをおすすめします。

　共立電子でも真空管を販売していますが、輸入会社さんでエージングの上、全数検査して合格したものだけを取り扱っています。

　KT88などの出力管は特性を計測してペア選別したものを2本一組にして販売していますので安心です。

　真空管ソケットは「基板取り付け型」が入手できればいいのですが、今回は入手しやすい「シャーシ取り付け型」を採用しました。

　抵抗やコンデンサも特殊なものは使用せず、どこのパーツ屋さんでも入手できるものを選びました。

　電源トランスと出力トランスは真空管アンプをつくる上でもっともコストのかかるパーツですが、今回は共立電子で扱っている普及価格のものを採用しました。染谷電子さんで製造しているものですが、コスパは驚異的です。ただし、第15

《第1表》アンプ基板のパーツリスト

部品名	型番	数量	参考価格（単価）	取扱店
真空管 KT88（ペア）	KT88　エレクトロハーモニクス	1	15,000 円	共立電子
真空管 12AU7	12AU7　エレクトロハーモニクス	2	2,546 円	
真空管ソケット　GT管用 8P	8MPC1	2	367 円	
真空管ソケット　MT管用 9P	GZC9-F	2	305 円	
抵抗　1kΩ 1/4W（茶黒黒茶茶）	MF 1/4WT52　1kΩ	2	16 円	
抵抗　1.5kΩ 1/4W（茶緑黒茶茶）	MF 1/4WT52　1.5kΩ	2	16 円	
抵抗　56kΩ 1/4W（緑青黒赤茶）	MF 1/4WT52　56kΩ	4	16 円	
抵抗　75kΩ 1/4W（紫緑黒赤茶）	MF 1/4WT52　75kΩ	2	16 円	
抵抗　240kΩ 1/4W（赤黄黒橙茶）	MF 1/4WT52　240kΩ	2	16 円	
抵抗　200Ω 1W	酸化金属皮膜抵抗　1W 200Ω	2	15 円	
抵抗　30kΩ 1W	酸化金属皮膜抵抗　1W 30kΩ	4	15 円	
抵抗　390Ω 3W	酸化金属皮膜抵抗　3W 390Ω	2	38 円	
フィルムコンデンサ　0.22μF 250V	ECQE2224KF	2	55 円	
電解コンデンサ　100μF 50V	UKT1H101MPD	2	93 円	
電解コンデンサ　100μF 100V	UVR2A101MPD	2	57 円	
電解コンデンサ　33μF 250V	UVR2E330MHD	2	106 円	
電解コンデンサ　33μF 350V	UVR2V330MHD	2	168 円	
ユニバーサル基板	ICB-93SG	2	396 円	
ネジ端子 2P	XW4E-02C1-V1	6	94 円	
スズメッキ線　0.4φ 10m	TCW-0.4 L-10	1	272 円	
スズメッキ線　0.8φ	TCW-0.8 L-10	1	367 円	
エクシルチューブ 1Φ×1m	HG-3E 1m	1	102 円	
ナベ小ネジ　M3×8		8	11 円	
ナット　M3用		8	4 円	
ワッシャ M3用		20	4 円	
電源トランス	P66185	2	(3,545) 円	
出力トランス	A66-12　3kΩ	2	(9,800) 円	
合計予算　24,849 円				

※表中の単価は、原稿を作成している時点のもので、時期やショップによって異なります。

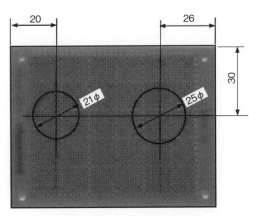

《写真2》加工する穴位置（単位mm）

章-1では基板製作が目的なので、トランスの価格はパーツの合計金額に含んでおりません。

後半のケースつくりのときのパーツリストに記載しています。

Step1 基板加工

それでは、製作していきましょう。まず、アンプ基板からです。

ユニバーサル基板「ICB-93SG」に真空管ソケットの取り付け穴をあけます。穴位置を写真2に示します。

テンプレートをつかってサインペンでマーキングします（写真3）。

3mmのドリルで基板に穴をあけます（写真4）。

糸ノコで丸穴をカットします。しっかり基板を固定して、カットしてください。固定が不十分だ

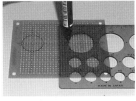

《写真3》サインペンでマーキング

《写真4》ドリルで穴あけ

《写真5》丸穴を糸ノコでカット

《写真6》ヤスリで仕上げ

《写真7》ネジ穴の位置をマーキング

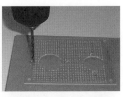

《写真8》ドリルで穴あけ

と基板が割れる可能性があります。

規定の大きさのきれいな丸穴になるようヤスリで仕上げます（写真6）。

《写真9》加工が終わったアンプ基板

加工した穴の上に真空管ソケットを置いて、取り付けネジの位置を現物合わせでマーキングします（写真7）。

3.5mmのドリルで穴をあけます（写真8）。

アンプ基板の加工が終了しました（写真9）。

Step2 真空管ソケットを取り付けます（写真10、11）。

M3×8のネジとナットを使用します。大きい方（8P）のソケットには強度確保のため、ワッシャーを通しておきます。また基板とのスキマをなくすためワッシャ3枚を挟んでおきます（写真12）。

8Pソケットの足を直角に曲げて先端をカットします（写真13）。

9Pソケットの足を直角に曲げて先端をカットします（写真14）。

9Pソケットのセンターの凸部をカットします（写真15）。

《写真10》ソケット取り付け（基板「表」面）

《写真11》ソケット取り付け（基板「裏」面）

《写真12》ワッシャを挟む

《写真13》8P ソケットの
足をカット

《写真14》9P ソケットの
足をカット

ソケットの加工が終わっ
たらピンの近くにサインペ
ンでピン番号を書いておき
ます。こうしておけば、配
線時の間違いを防ぐこと
ができます（写真16）。

《写真15》凸部をカッ
ト

Step3 パーツの取り付け

基板の「表」面
からパーツを挿入
します。パーツの
位置を写真17に
示します。

《写真16》ピン番号を書いて
おく

390Ω 3W の抵抗のリード線をフォーミングし
ておきます（写真18）。この抵抗はかなり発熱し
ますので、放熱のためにできるだけリード線を長
く残しておきます。

そのために、3mm のドリルに足を巻きつけて
フォーミング加工をします。

《写真17》パーツの取り付け

《写真18》リード
線をフォーミング

《写真19》
リード線
を直角に
曲げる

電解コンデンサのリード線を直角に曲げておき
ます（写真19）。基板の上のパーツの高さを抑え
るために電解コンデンサを横向きに取り付けます。

なぜこうするかは後半のケースづくりで納得し
ていただけると思いますが、ケースからできるだ
け真空管を露出するために基板上のパーツの背を
低くしておく必要があるからです。

なお、電解コンデンサには極性がありますので
取り付け方向に注意してください。

パーツのリード線をすべて基板に差し込んだら、
逆さにしても落ちないようにリード線を広げておき
ます（写真20）。

基板にハンダづけします（写真21）。リード線
の根元でカットします（写真22）。

Step4 アンプ基板裏面の配線をします

0.4mm のスズメッキ
線を使用します。太い
線を使用すると、ソ
ケットに真空管を差し
込んだときの「遊び」
がなくなりますので、
0.4mm くらいが適当で
はないかと思います。

基板「裏」面の配線
のようすを写真23に
示します。

他の端子や配線と接
触しやすいところは
「エクシルチューブ」を
被せて絶縁します。配
線が交差するところは
ショートしないよう、真
空管ソケットの高さを利
用して立体的に処理し
ます。写真23の
○印の位置です。

配線がわかり
やすいよう、イ
ラストにしたも

《写真20》リードを広げて
落ちないように

《写真21》ハンダづけする

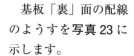

《写真22》余分なリードを
カットする

《写真23》基板「裏」面の
配線

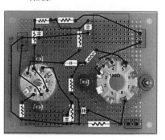

《写真24》
基板「裏」面の配線（イラスト）

のを**写真24**に示します。

Step5 ヒーター配線

ヒーターの配線をします（**写真25**）。

配線がわかりやすいようにイラストにしたものを**写真26**に示します。

ヒーター配線の要領を以下に示します。0.8mmのスズメッキ線を使用します。基板から8〜10mm浮かして空中配線します。最初に、ラジオペンチを使って、先端を**写真27**のように曲げ加工します。

L型に曲げたところをネジ端子にハンダ付けします。その後、針金細工の要領でスズメッキ線を曲げ加工して、8Pソケットの7番端子にハンダ付けします（**写真28**）。

《写真25》ヒーターの配線

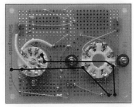
《写真26》ヒーター配線イラスト

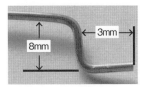
《写真27》先端の加工

《写真28》7番端子にハンダ付け

《写真29》4番端子と5番端子にハンダ付け

同じく基板から8〜10mm浮かしながら9Pソケットの4番端子と5番端子にハンダ付けします（**写真29**）。

同じ要領でもう片方のヒーター配線をします（**写真30**）。

9Pソケットの9番端子と(-)の配線を接続します（**写真31**）。

これでアンプ基板が完成しました（**写真32**）。

《写真30》もう片方のヒーター配線

《写真31》(−)配線と接続

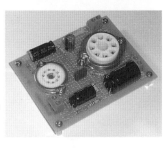
《写真32》アンプ基板完成

電源基板

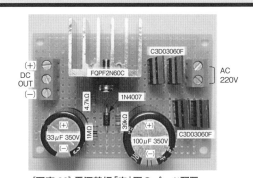
《写真33》電源基板「表」面のパーツ配置

《第2表》電源基板パーツリスト

部品名	型番	数量	参考価格（単価）	取扱店
ショットキーバリアダイオード 600V 3A	C3D03060F	8	419円	
ダイオード	1N4007	2	9円	
FET	FQPF2N60C	2	150円	
抵抗 4.7kΩ 1/4W（黄紫黒茶茶）	MF1/4W T52 4.7kΩ	2	16円	
抵抗 39kΩ 1/4W（橙白黒赤茶）	MF1/4W T52 39kΩ	2	16円	
抵抗 1MΩ 1/4W（茶黒黒黄茶）	MF1/4W T52 1MkΩ	2	16円	
電解コンデンサ 33μF 350V	UVR2V330MHD	2	168円	共立電子
電解コンデンサ 100μF 350V	UVR2V101MHD	2	348円	
ユニバーサル基板	ICB-288G	2	143円	
シリコンゴムシート	TC-30TAG-2/TO-220	2	18円	
ヒートシンク	BPUG26-30	2	136円	
ネジ端子 2P	XW4E-02C1-V1	2	94円	
ネジ端子 3P	XW4E-03C1-V1	2	141円	
ナベ小ネジ M3×8		2	11円	
スプリングワッシャ M3用		2	2円	
ハトメ 2φ（50個入り）	レインボープロダクツ1139	1	242円	
合計予算 6,130円				

※表中の単価は、原稿を作成している時点のもので、時期やショップによって異なります。

《写真34》ドリルで穴あけ

《写真35》ハトメ

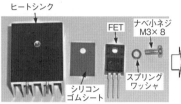

ヒートシンク
FET
ナベ小ネジ
M3×8
スプリング
ワッシャ
シリコン
ゴムシート

《写真37》FETをヒートシンクに取り付ける

《写真36》ハトメを打った
基板

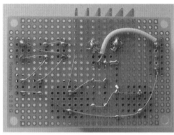

《写真38》
電源基板「裏」
面の配線

板表面から差し込んで、裏面でハンダ付けし、余分なリード線をカットします。

Step4　電源基板裏の配線

電源基板裏面の配線をします。配線が終わったところを写真38に示します。

高圧のかかるところはエクシルチューブを被せて絶縁します。配線経路を見やすくするためにイ

電源基板をつくります。電源基板に必要なパーツは第2表の通りです。

整流ダイオードには音質重視で高耐圧のショットキーバリアを採用しましたが、コストを抑えたい方は、ファーストリカバリーに変更されてもかまいません。

電源基板「表」面のパーツ配置を写真33に示します。

Step1　基板にハトメをうつ

ユニバーサル基板「ICB-288G」にハトメを打ちます。

ヒートシンクをハンダ付けして取り付けるために2mmのハトメを打ちます（2カ所）。

写真33のパーツ配置図に合わせて、ヒートシンクのピンの位置をマーキングして、2mmのドリルで穴をあけます（写真34）。

2mmのハトメを打ちます（写真35、36）。

Step2　ヒートシンクの取り付け

FETをヒートシンクに取り付けます（写真37）。

写真のようにFETとヒートシンクの間にシリコンゴムシートを挟んで、M3×8のネジで固定します。

Step3　パーツの取り付け

アンプ基板と同じ要領でパーツのリード線を基

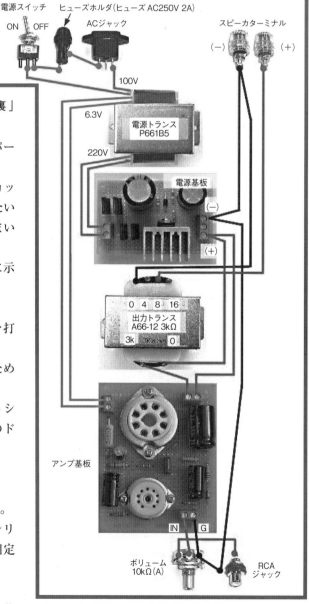

《第3図》動作チェックのための全体配線

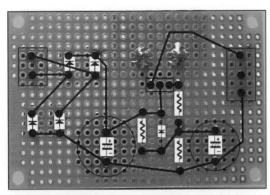

《写真 39》電源基板「裏」面の配線 (イラスト)

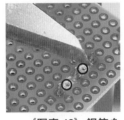

《写真 40》銅箔を
削り取る

《写真 41》完成した電源基板

《写真 42》
木板に組
み付けた

ラストにしたものを写真 39 に示します。

Step5　高圧の絶縁対応

　DC 出力のネジ端子の間の銅箔 2 カ所を安全のためナイフなどで削り取っておきます（写真 40）。使用するネジ端子の端子間の耐圧は 300V ですので、センターの端子は使用せずに両端の端子だけを使用します。

　電源基板が完成しました（写真 41）。

■15-1-4　動作チェック用配線

　基板の製作が終わったら、その動作チェックを行いますが、まだシャーシは作っていませんので、動作チェック用に木板などに組み付けます。

　入出力端子やトランス類との接続を第 3 図に示します。また、90mm × 350mm の木板に組み付けた様子を写真 42 に示します。

■15-1-5　アンプの特性測定

　板置きの状態で測定してみました。周波数特性

は第 4 図の通りです。

　負荷抵抗 8 Ω、出力 1W 時の周波数特性です。約 20Hz から 30kHz までが -3dB 以内に収まっています。無帰還アンプでもこれだけの性能を得ることができました。CD の再生帯域を充分カバーできています。

　出力対歪率特性は第 5 図の通りです。

　負荷抵抗 8 Ω時の出力対歪率特性です。半導体アンプの特性を見慣れていると見劣りすると思われがちですが、3 極管アンプの歪は偶数次高調波が主体なので耳につかず、3% を超えてもヒトは判別できないといわれています。

　一番上のラインが 100Hz。中央のラインが 1kHz。一番下のラインが 10kHz です。

　出力に比例して歪が直線的に増加する「ソフトディストーション」で、無帰還アンプならではのカーブになりました。

　実用最大出力は約 3W です。5 極管接続にすればもっと出力をかせぐことができますが、「量」より「質」を選びました。家庭で音楽を楽しむためのアンプですのでこれで充分だと思います。

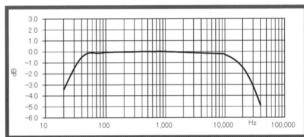

《第 4 図》周波数特性

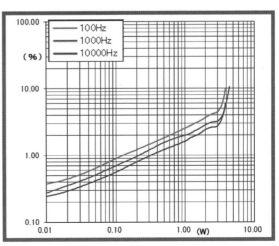

《第 5 図》歪率特性

第15章
KT88 シングル・モノパワーアンプ

木製ケースの製作と基板の組み込み

■15-2-1　昭和レトロの木製ケース

　本節では、**写真1**の基板やトランス類を収納するケースを製作し、組み込みと配線作業をして完成させることにします。

　昭和レトロな木製ケースに組み込んで完成させたパワーアンプの外観を**写真2**に示します。

　当時は、ラジオもステレオもテレビも木製ケースが一般的でした。当時は高額商品だったので家具のようなデザインや風格にしたかったからではないでしょうか。

《写真1》第15章 -1 で製作したアンプ基板と電源基板

　昨今は外部ノイズを遮断（シールド）するためと、自己が発生するノイズや磁力線を外部に漏らさないために金属ケースを採用するのが一般的です。

　メーカー製完成品なら、ノイズ対策のために金属ケースを採用するのは当然ですが、自作アンプならノイズを拾ったからといって、だれからもクレームをつけられる心配はありませんので、木材や樹脂などいろいろな素材で自分好みのケースを製作できます。

■15-2-2 アンプの内部構造

　アンプの内部構造を**写真3**に示します。各部材やパーツの名前と位置を確認しておいてください。

■15-2-3 必要なパーツ

　アンプケースの製作に必要なパーツは**第1表**の通りです。

　ケースの素材は、茶系のレトロな色が気に入ったので「アカシア集成材」を使用しました。

　硬質で中身も緻密なので切断面を研磨すればそのままオイル仕上げができます。

　パイン集成材のようなやわらかい素材なら切断面にツキ板を貼る必要があります。

　今回は昭和レトロがコンセプトですのでアカシア集成材を選んだのですが、フィンランドバーチ積層合板を使用してクリア（透明）なオイルや塗料で仕上げれば北欧家具のようなモダンな感じにすることも可能です。

　このように自分の好みに合わせて、アンプつくりができるのも手作りオーディオならではの楽しみです。

　電源トランスと出力トランスは真空管アンプを

《写真2》今号で製作・完成したアンプの外観

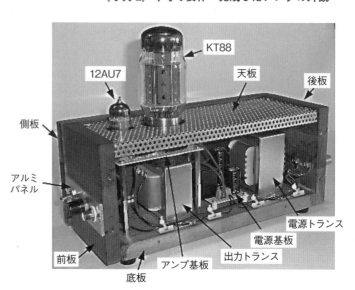

《写真3》内部構造

つくる上でもっともコストのかかるパーツですが、共立電子扱いの普及価格のものを採用しました。

染谷電子で製造しているものですがコスパに優れていると思います。

電源トランスは二次側電圧が 220V で、電流が 100mA 以上なら他のものでも OK です。出力トランスは一次インピーダンスが 3〜3.5kΩで許容電流が 60mA 以上なら他のものでも OK です。

RCA ジャックやスピーカターミナルなどは真鍮削り出し＋金メッキの信頼性の高いものを選びました。

パイロットランプには当時を思い出させるネオン管を採用したり、電源スイッチには大型のトグルスイッチを採用したりして、これまたレトロ感を演出しました。

アルミパネルと天板の取り付けには超低頭ネジ

を使用しましたが、これの入手が困難なときはトラスタッピングで代用できます。

■15-2-4　木製部材の製作
①木材をカットする

厚さ 15mm の板を自分で正確にカットするのは難しいので簡単な板取図を書いて、ホームセンターでカットしてもらいました（第 1 図）。

910mm × 300mm の板 1 枚からアンプ 1 台分の板材 5 枚が切り出せます。カットが終わった 2

《写真 4》カットした板材

《第 1 表》パーツリスト（モノアンプ 2 台分）

部品名	型番・仕様	数量	参考価格（単価）	取扱店
電源トランス	P66185	2	3,545 円	共立電子
出力トランス	A66-12 一次インピーダンス 3kΩ	2	9,800 円	
トグルスイッチ	8B2011-Z	2	517 円	
ネオンブラケット	WTN-10-1295RD	2	162 円	
ボリューム 50kΩ（A）	R16T2-A50K-15RE	2	141 円	
ツマミ	WTN-15-1178/6.1	2	88 円	
RCA ジャック	JRJ-2003BB1R	2	234 円	
AC ジャック	JR101	2	89 円	
スピーカターミナル（赤）	WTN-08-B15F-RD	2	305 円	
スピーカターミナル（黒）	WTN-08-B15F-BK	2	305 円	
ヒューズホルダー	F-60-B	2	80 円	
ヒューズ	250V 2A	2	110 円	
ビニール電線 AWG22 2m×6色	UL1007AWG22 2×6	1	471 円	
タマゴラグ M3用	RUG-M3	4	4 円	
ネジスペーサ（アンプ基板取付用）	SBB-335	16	66 円	
絶縁 POM スペーサ（電源基板取付用）	SJE-310	8	14 円	
ゴム足	B-P2（10 個入り）	1	143 円	
結束バンド	FB-100（100 本入り）	1	309 円	
バンドベース	KEX-12G	16	20 円	
アルミパンチング 300mm×200mm	PA-12	2	805 円	
電源ケーブル	D-18A	2	489 円	
アカシアウッド（木材）	910mm×300mm 厚さ 15mm	2	1,408 円	DCM ダイキ
木材カット代			350 円	
木材仕上げ用オイル	ワトコ 200ml	1	1,078 円	
桧工作材	10mm×10mm 長さ 900mm	1	173 円	
アルミ平板	幅 30mm×長さ 900mm 厚さ 3mm	1	767 円	
サラタッピング（AC ジャック取付用）	3×10（30 個入り）	1	110 円	
トラスタッピング（トランス取付用）	3×10（24 個入り）	1	110 円	
平ワッシャ（トランス取付用）	M3用	8	4 円	
ナベタッピング（電源基板取付用）	3×15（20 個入り）	1	110 円	
ナベ小ネジ（アンプ基板取付用）	M3×6	8	7 円	
超低頭タッピング（天板＆アルミパネル取付用）	3×6（4 個入り）	3	129 円	
サラ小ネジ（側板取付用）	3.5×32 ブロンズ（10 個入り）	3	110 円	
合計予算　40,303 円				

※表中の単価は、原稿を作成している時点のもので、時期やショップによって異なります。

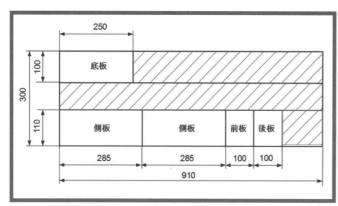

《第1図》板取図（1台分）（単位:mm）

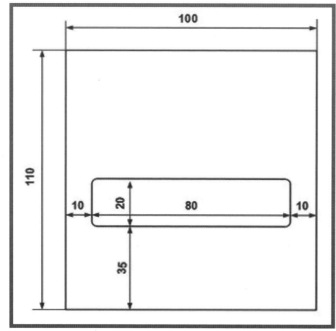

《第2図》前板加工寸法（単位:mm）

《写真6》5mmのドリルで穴あけ

《写真7》糸ノコでカット

《写真8》穴あけ完了

《写真9》後板の加工完了

台分の板材は**写真4**の通りです。

②前板を加工する

　角穴の加工寸法を**第2図**に示します。

②-1　穴位置をマーキング（**写真5**）します。

②-2　5mmのドリルで四隅に穴をあけます（写

真6）。

②-3　糸ノコでカットする（**写真7**）。

②-4　穴あけが完了した（**写真8**）。

③後板の加工

　後板の加工寸法を**第3図**に示します。

　前板の加工と同じ要領で角穴をカットします。4mmのドリルでスピーカターミナルの丸穴をあけます（**写真9**）。

④底板の加工

　「底板」の加工寸法を**第4図**に示します。

　加工図に合わせて穴あけが完了しました

《写真5》穴位置をマーキング

《写真10》底板の加工完了

《写真 11》側板の穴あけ加工完了

《写真 12》サラモミ加工

（写真 10）。

⑤側板の加工

側板の加工寸法を第 5 図に示します。

加工図にあわせて穴あけが完了しました（写真 11）。

側板の取り付けにはサラ（皿）木ネジを使いますので、サラモミ加工をします（写真 12）。

サラモミカッターもしくは面取りカッターという工具を使用します。

サラモミ加工が面倒な方はサラ木ネジを使用せずに超低頭木ネジもしくはトラス木ネジを使用すれば 4mm Φ の穴あけ加工だけで OK です。

■15-2-5　金属部材

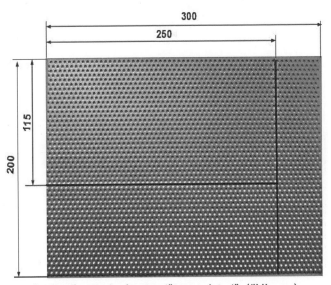

《写真 14》アルミパンチングにマーキング（単位 :mm）

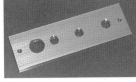

《写真 13》アルミパネルの加工完了

の製作

①アルミパネルをつくる

アルミパネルの加工寸法を第 6 図に示します。

厚さ 3mm、幅 30mm のアルミ平板を 100mm の長さにカットして、ドリルとステップドリルで穴あけ加工をします（写真 13）。

ステップドリルがないときは、5 〜 6mm のドリルで穴あけしてから丸ヤスリで穴を拡大します。

ヘアライン模様のアルマイト処理がされていますので、塗装なしで使うことにしました。

②天板をつくる

天板はアルミパチング板に穴をあけ、折り曲げて作ります。

②-1　アルミパンチングをカットします。写真 14 にあわせてサインペンでマーキングします。

②-2　金切りノコでカットします（写真 15）。切断面をヤスリで磨いて滑らかにしておきます。

②-3　折り曲げるところをマーキングします（写真 16）。

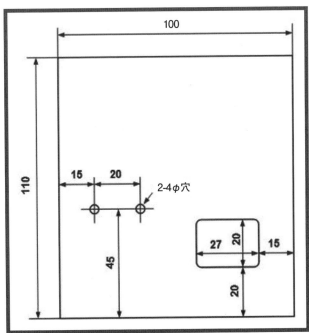

《第 3 図》後板の加工寸法（単位 :mm）

《写真 15》金切りノコでカット

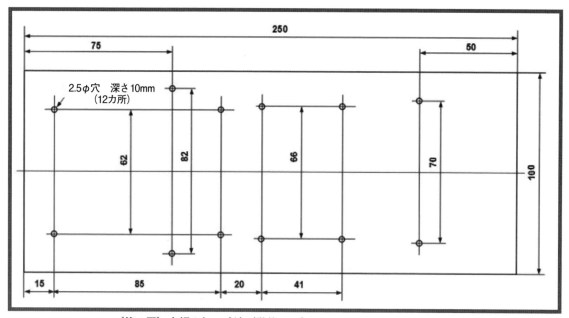

《第 4 図》底板の加工寸法（単位 :mm）

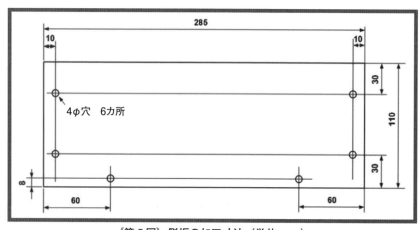

《第 5 図》側板の加工寸法（単位 :mm）

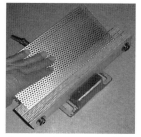

《写真 17》木片に挟んで折り曲げ

《写真 18》手作りの折り曲げ冶具

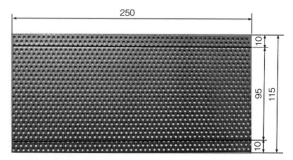

《写真 16》折り曲げ位置をマーキング（単位 :mm）

② -4　木片に挟んで折り曲げます（**写真 17**）。

　バイス（万力）の幅よりも曲げる部分の方が長いので私は**写真 18** の冶具を製作しました。

　厚さ 24mm 長さ 300mm 幅 50mm のフィンラ

ンドバーチ材 2 枚でアルミパンチングを挟む構造になっています。硬質な木材なら何でも OK です。

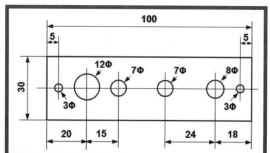

《第 6 図》アルミパネルの加工寸法（単位 :mm）

②-5　ゴムハンマーで叩いて直角に曲げます（写真19）。

②-6　両側の曲げ加工が完了しました（写真20）。

②-7　大径の丸穴をあけるためのテンプレートをつくります。テンプレートの加工寸法を第7図に示します。

テンプレートはボール紙を使用しました。厚手の紙なら何でもOKです。カッターでボール紙を切り抜いてテンプレートができました（写真21）。

②-8　天板の上にテンプレートを置いて、サインペンで丸穴の位置をマーキングします（写真22）。

②-9　マーキングした丸穴の内側をニッパーでカットします（写真23）。

カットが終わったところです（写真24）。

②-10　マーキングに合わせて半丸ヤスリで丸穴

《写真19》ゴムハンマーで叩く

《写真20》曲げ加工が完了

《写真21》ボール紙でつくったテンプレート

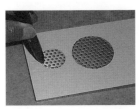
《写真22》丸穴の位置をマーキング

《写真23》丸穴の内側をニッパーでカット

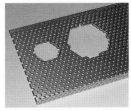
《写真24》カットが終わったところ

の形を整えます（写真25）。

て塗装します。

アルミパンチングの地肌（シルバー）のままでも良いのですが、私はゴールドに塗装しました（表紙のカラー写真をご覧ください）。

アルミは塗料が付着しにくいのでメタルプライマーで下塗りします。

メタルプライマーが乾燥してから金色のカラースプレーで上塗りしました。

どちらも天板から約30cm離して、2～3回塗り重ねます（写真26）。

《写真25》ヤスリで丸穴の形を整える

《写真26》塗装のようす

■ 15-2-6　木製ケースの組み立て

①前板にアルミパネルの取付穴をあける

コネクタやスイッチなどを取り付けるパネルはアルミ板を使います。

①-1　前板にアルミパネルを置いて、穴位

《写真27》穴位置をマーキング

置をマーキングします（2カ所）（写真27）。

①-2　2.5mmのドリルで貫通穴をあけます（写真28）。

②後板にACジャックの取付穴をあける

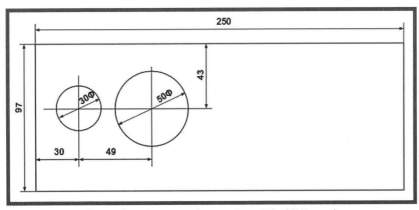
《第7図》天板のテンプレート加工寸法（単位:mm）

（図中）250／43／97／30Φ／50Φ／30／49

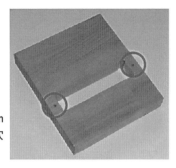

《写真28》2.5mm
のドリルで取付穴
をあける

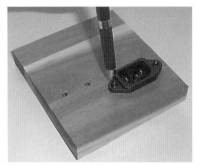

《写真29》AC ジャックの穴位置をマーキング

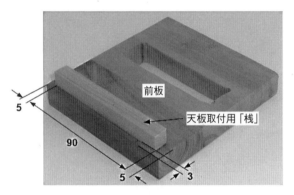

前板

天板取付用「桟」

5

90

5 3

《写真30》前板に桟（サン）を接着

《写真31》後板に桟を接着

②-1　後板に AC ジャックを置いて、穴位置を
マーキングします（2 カ所）（**写真29**）。

　前板と同じ要領で、2.5mm の貫通穴をあけま
す。

③前板に天板取付用の桟を接着（写真30）

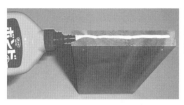

《写真32》底板の
端面にボンドを
塗る

前板

《写真33》前板に
底板を接着

90°

前板

《写真34》直角に
なっているか確
認する

　10mm × 10mm の桧工作材を長さ 90mm にカッ
トして、**写真30** の位置にボンドで貼り付けます。

④　後板に天板取付用の桟を接着

　前板とのきと同じ要領です（**写真31**）。

⑤前板と底板を接着

　板同士を木工ボンドで接着します。

　⑤-1　底板の端面にボンドを塗ります（**写真
32**）。

　⑤-2　前板に接着します（**写真33**）。

　⑤-3　L 型定規で直角になっているか確認しま
す（**写真34**）。

　ボンドが乾燥するまでに L 型定規で直角になっ
ているか確認します。直角になっていないときは
底板を指で押して調整します。

　アンプ製作というよりもスピーカエンクロー
ジャーを製作している感じですが、言い換えると
スピーカ製作のノウハウを応用することができま
す。

《写真 35》補強桟を接着

《写真 36》底板に後板と補強桟を接着

⑤-4　補強桟を接着します（写真 35）。

　桧工作材を 30mm の長さにカットして中央部に接着します。

⑥底板に後板と補強桟を接着（写真 36）

　前板の接着と同じ要領です。

⑦側板を取り付ける

　まず側板取付ネジ用の下穴をあけます。

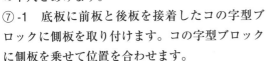

《写真 37》側板の位置を合わせる

⑦-1　底板に前板と後板を接着したコの字型ブロックに側板を取り付けます。コの字型ブロックに側板を乗せて位置を合わせます。

　写真 37 のようにアルミパネルを置いて、その厚み分だけ側板が前板の前方に出るようにします。

《写真 38》ネジ穴の位置をマーキング

《写真 39》3mm のドリルで下穴をあける

《写真 40》側板をネジ止め

⑦-2　ネジ穴の位置をマーキングします。

　側板の位置を合わせたら、ネジ穴に「サラ木ネジ」を通してハンマーで叩いて凹みをつけます（写真 38）。

⑦-3　取付ネジ（サラ木ネジ）用の下穴をあけます。

　マーキングしたところに 3mm のドリルで深さ 10mm くらいの穴をあけます（写真 39）。

⑦-4　側板をネジ止め（仮止め）します（写真 40）。

《写真 41》ネジ穴の位置をマーキング

《写真 42》2.5mm のドリルで下穴をあける

　サラ木ネジで側板を取り付けます（片面 6 カ所）。

⑧天板取付ネジの下穴をあける

　ドリルなどで下穴をあけます。

⑧-1　天板取付桟の上に天板を乗せてネジ穴の位置を決めてからマーキングします（4 カ所）（写真 41）。

⑧-2　2.5mm のドリルで貫通穴をあけます（4 カ所）（写真 42）。

■15-2-7 木製ケースのオイル仕上げ

木製ケースはしっとりした上品なオイル仕上げにします。

①仮止めの側板を取り外す

側板をいったんネジを外して取り外します。

②前板と後板および側板の表面をサンドペーパーで研磨

240番から400番の順に磨きます。

③木製ケースへのオイル塗付け

《写真43》ワトコオイル

③-1　オイルには英国製「ワトコ」のカラーオイル「ダークウォールナット色」を使用しました（写真43）。

③-2　ハケでオイルを塗布します（写真44）。

③-3　30分くらい放置してから布で拭き取ります（写真45）。

《写真44》オイルを塗る

オイルは直射日光を避けて2〜3日乾燥させます。

スプレー塗料と違って、しっとりとした上品なツヤがオイル仕上げの美点です。

《写真45》布でオイルを拭き取る

■15-2-8 アルミパネルへのパーツ取り付け

アルミパネルにパーツを取り付けたところを写真46、47に示します。

RCAジャックのパーツ取付要領を写真48に

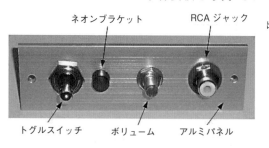

ネオンブラケット　RCAジャック

トグルスイッチ　　ボリューム　　アルミパネル

《写真46》アルミパネル表

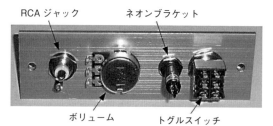

RCAジャック　　　　　ネオンブラケット

ボリューム　　　トグルスイッチ

《写真47》アルミパネル裏面

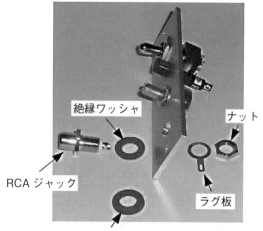

絶縁ワッシャ

ナット

RCAジャック

ラグ板

凸型絶縁ワッシャは使用しません

《写真48》RCAジャックの取り付け

示します。

ボリュームは回り止めの「ツメ」をカットしておきます（写真49）。

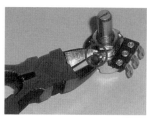

《写真49》ツメをカット

■15-2-9 アルミ板に取り付けたパーツの配線

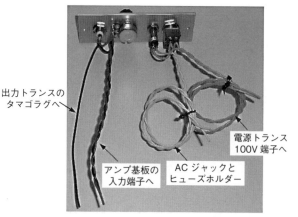

出力トランスのタマゴラグへ

アンプ基板の入力端子へ

ACジャックとヒューズホルダー

電源トランス100V端子へ

《写真50》アルミパネルのパーツの配線

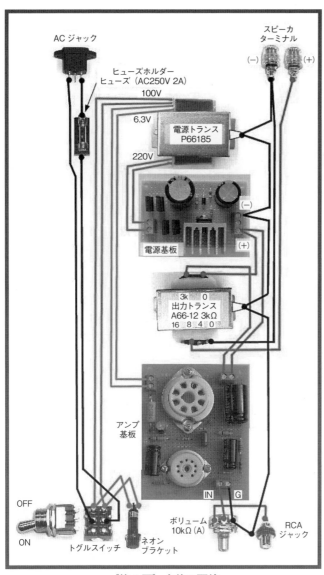

《第8図》全体の配線

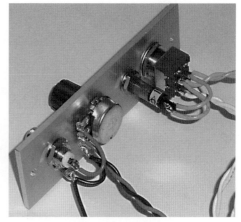

《写真 51》配線のようす（拡大）

《写真 52》
ゴム足を取
り付け

《写真 53》AC ジャックとスピーカターミナル
の取り付け

　木製ケースに組み込む前に配線をしておきます
（写真 50）。

　全体配線図（第8図）を参考にして配線します。

　配線がわかりやすいように拡大したところを写
真 51 に示します。

■15-2-10　木製ケースへのパーツ取り付け

①底板にゴム足を取り付ける（4 カ所）（写真 52）

　ナベタッピング M3 × 15mm を使用します。

②後板に AC ジャックとスピーカターミナル

　外側から見たところを写真 53 に、内側から見
たところを写真 54 に示します。

　スピーカターミナルは絶縁ワッシャなしで取り

付けます。

③トランスの取り付け

③-1　取付穴の周辺をサンドペーパーで磨いて
絶縁ワニスを除去しておきます（写真 55、56）。

③-2　トランスをネジ止めします（写真 57）

　前板に近いほうが出力トランス、後板に近いほ

《写真 54》内側から見たところ

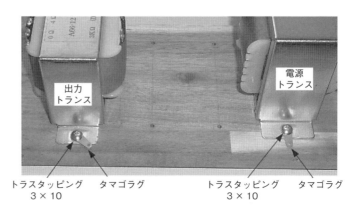

《写真 58》タマゴラグをネジ止め

《写真 55》 サンド
ペーパーで磨いて

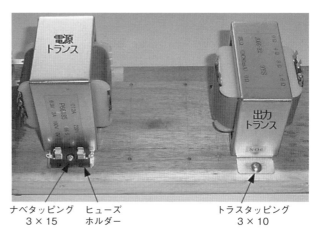

《写真 59》ヒューズホルダーを一緒に取り付ける

《写真 56》絶縁ワニスをはがす

《写真 60》電源基板の取り付け

《写真 57》トランスの取り付け

うが電源トランスです。

　どちらのトランスにもアース接続用のタマゴラグをネジ止めしておきます。タマゴラグとトランスの間に平ワッシャを挟むのを忘れないようにします。

　前板から見て右側の拡大を**写真 58** に示します。

　前板から見て左側の拡大を**写真 59** に示します。電源トランスとヒューズホルダーを一緒にネジ止めします。

④電源基板を取り付ける

《写真 61》ネジスペーサを取り付け

《写真 63》アンプ基板の取り付け

《写真 62》ネジスペーサを 2 段重ねにする

《写真 64》アルミパネルの取り付け

電源基板の取り付けかたを写真 60 に示します。

絶縁 POM スペーサを通して、ナベタッピング M3 × 15mm で取り付けます（4 カ所）。

⑤アンプ基板を取り付ける

スペーサを使ってアンプ基板を取り付けます。

⑤-1　ネジスペーサを取り付けます（4 カ所）。

ナットドライバーを使ってネジ込みます。下穴径が 2.5mm であればシッカリと固定できます（写真 61）。

⑤-2　ネジスペーサを 2 段重ねにします（写真 62）。

⑤-3　アンプ基板をネジ止めします（写真 63）。ナベ小ネジ M3 × 6 を使用します。

⑥アルミパネルを取り付ける

超低頭ネジ M3 × 6mm を使用します（写真 64）。

すべてのパーツの取り付けが完了しました（写

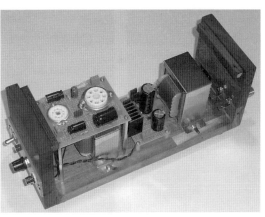

《写真 65》すべてのパーツの取り付け完了

真 65）。

■15-2-11 配線をする

①全体の配線

基板間やパネルの部品との配線をします。

①-1　バンドベースに結束バンド」を通します。

約 1cm の輪をつくります（**写真 66**）。これを 8
個つくります。

①-2　底板にバンドベースを貼り付けます（8 カ
所）。前板から見て右側のようすを**写真 67** に示

します。

前板から見て左側のようすを**写真68**に示します。

全体の配線を**第8図**に示します。

前板から見て右側の配線のようすを**写真 69** に
示します。

スピーカ出力の電線 2 本とアース（−）の電線
を結束バンドで束ねます。

高電圧（DC 280V）の配線は結束バンドを通さ
ずに、最短距離で空中配線します（**写真 70**）。

前板から見て左側の配線のようすを**写真 71** に
示します。

AC 220V の配線は結束バンドを通さずに、最
短距離で空中配線します。

■15-2-12 通電テスト

①ヒューズを取り付ける（**写真 72**）

ガラス管ヒューズ（250V 2A）をホルダに挿し
込みます。

②真空管を取り付ける（**写真 73**）

12AU7 と KT88 をソケットに挿し込みます。

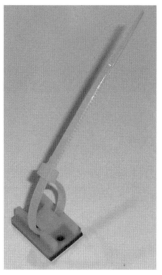

《写真 66》結束バンドをバンドベースに通す

《写真 67》バンドベースを貼り付ける（右側）

《写真 68》バンドベースを貼り付ける（左側）

《写真 69》配線のようす（右側）

③電源ケーブルを接続

電源ケーブルを AC ジャックにさし電源プラグをアウトレットに挿し込みます。

④電源スイッチを ON

電源を ON にして、ネオンブラケットと真空管のヒーターが点灯するのを確認します。

⑤各部の電圧をチェック

回路図（第 1 図）を見ながら 12AU7 と KT88 のプレート電圧とカソード電圧をチェックします。

回路図に記載されている電圧の ± 10% 以内であれば OK です。記載の電圧と大きく異なるときは、電源を OFF にして基板上の抵抗の値が間違っていないかチェックしてください。中古の真空管

《写真 70》高電圧部の配線

《写真 72》ヒューズの取り付け

《写真 71》配線のようす（左側）

《写真73》真空管の取り付け

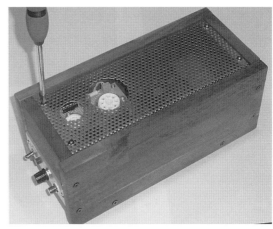

《写真75》天板の取り付け

《写真74》側板の取り付け

《写真76》完成しました

を使用したときにも正常電圧にならないことがあります。新しい真空管に差し替えて再度電圧チェックしてみてください。

■15-2-13 側板と天板の取り付け

いったん電源を切り、プラグをアウトレットから抜き、真空管が冷えたら、ソケットからいったん抜いておきます。

①側板を取り付ける（写真74）

サラ木ネジ M3.5 × 32mm を使用します（片側6カ所）。

②天板を取り付ける（写真75）

超低頭ネジ M3 × 6mm を使用します（4カ所）。

再び真空管を取り付けたら完成です（**写真76**）。

②同じものをもう1台つくる（写真77）

慣れていらっしゃる方は2台同時進行で製作されてもいいと思います。基板とケースを左右チャンネルそれぞれに分けて製作をすすめれば出費を分散させることも可能です。

■15-2-14　試聴

私のリスニングルームにセッティングしたところです（**写真78**）。

音源には ESOTERIC の CD プレーヤー「X-30」を使用しました。

その出力をパッシブコントローラー組立キット「WP-PC33」を通してパワーアンプに接続しています。こうすると左右のアンプの音量を同時にコントロールすることができて使い勝手がよくなります。

スピーカは JBL のスタジオモニター「4333A」と、香港「マークオーディオ」社の8cmフルレ

ンジユニット「Alpair5 v3ss」を厚さ 24mm のフィ
ンランドバーチ製バスレフエンクロージャーに収
納した自作品を使用しました。

　製作したアンプはボリュームを絞って 38cm
ウーハーに耳をつけても、ホーンツィーターに耳
をつけてもノイズはまったく聞こえません。

　ちなみに残留ノイズを計測したら、0.49mV でし
た。木製ケースでも問題ないことが確認できました。

　クラシックからジャズ、ポップスまで音質

チェック用ソフトを一とおり聴いてみましたが、
38cm ウーハーが制動不足になることもなく、高域
がでしゃばることもなく、「解像度が高いのにやわ
らかい」という真空管アンプそのものの音質です。

　弦楽器も女性ボーカルも硬質にならずゆったり
と朗々と鳴らしきってくれました。

　本書ではコスパを優先したパーツ選びになりま
したが、回路はこのままで出力トランスを変更す
るだけでグレードアップが可能です。

　自分好みの音がするトランスを見つ
け出すのも真空管アンプつくりの楽し
みではないかと思います。

　パーツリストに記載しているパー
ツは下記で購入できます。

※本アンプの製作記事は、ラジオの
製作創刊 65 周年記念の特別記事とし
て電子工作マガジンに掲載されたも
のに手を加えたものです。

《写真 77》モノアンプ 2 台が完成

《写真 78》セッティングしたところ

第15章 KT88シングル・モノパワーアンプ

索引

■著者プロフィール

小椋　實（おぐら　みのる）

1949 年生まれ。大阪府出身。

小学生のころから電子工作に興味を持ち、日本橋の
パーツ店に通う。

ゲルマラジオからワイヤレスマイク、送受信機へと歩
みを進めるも、電気音響の魅力に出会った結果、「手づ
くりオーディオ」が生涯の趣味となる。

1967 年「松下電器」（現パナソニック）に入社。モー
ターの設計に始まり、テクニクスショールームのアドバ
イザーを経て 1979 年にステレオ事業部へ。以来オーディ
オ機器の商品企画やマーケティングを担当。「メーカー
製オーディオ」の世界を熟知することとなる。

2008 年に共立電子産業へ入社。オーディオキットの
企画・開発を担当し現在に至る。

電子工作マガジンには 2016 年秋号からほぼ毎号にわ
たって、手づくりオーディオの記事を寄稿している。

魅惑のオーディオレシピ　　　　　　　©2021 Minoru Ogura

2021 年 8 月 30 日　　第 1 版第 1 刷発行

著　者　小椋 實
編集・発行人　平 山 勉
発行所　株式会社　電波新聞社
〒 141-8715　東京都品川区東五反田 1-11-15
電話 03-3445-8201 （販売管理部）
URL　www.dempa.co.jp

編集協力　共立電子産業株式会社
カバー・表紙イラスト　いちかわはる
印刷所　　奥村印刷株式会社
製本所　　株式会社堅省堂
ＤＴＰ　　株式会社ジェーシーツー

Printed in Japan　　ISBN978-4-86406-042-4　　　　落丁・乱丁はお取替えいたします
定価はカバーに表示してあります